인공지능 시대에
아이 마음 읽기

아이 마음 읽기

인공지능 시대에

허영림 지음

아주 좋은 날

인공지능 시대
내 아이
어떻게
키울까?

　지금 우리는 제4차 산업혁명 시대에 살고 있다. 인공지능과 기계의 학습으로 기존의 학습 패러다임이 무너지고 새로운 가치가 만들어지고 있는 시대다. 기술융합과 혁신은 물론, 학문간 융합을 기반으로 향후 쏟아져 나올 엄청난 변화에 우리 부모들은 아이들을 위해 무엇을 준비해야 할까? 그리고 아이가 건강하게 자기역량을 발휘하고 살 미래는 과연 어떤 모습일까?

　우리 아이들의 미래가 어떤 모습으로 그려질지는 아무도 모른다. 현재의 모든 기술혁신이 인간의 삶을 이롭게 해야겠지만, 그다지 낙관할 수만은 없는 노릇이다. 앞으로는 정보력과 데이터를 가지지 못한다면 소외되는 계층이 생겨나게 되어, 또 다른 형태의 양극화가 예견된다. 이에 따라 미래학자들은 미래에 필요한 인재상에 대해 연구가 한창이다.

이런 시대적 흐름에 따라 신세대 부모들은 미래의 숲을 그려봐야 한다. 그 숲의 청사진을 그리기 전에 지금의 유아들이 유아기를 제대로 준비하지 못한다면 어떻게 될 것인가? 패러다임의 사회 변화속도를 감안했을 때, 우리 모두에게 닥칠 심각한 일이기 때문에 지금의 흐름에 동참하고 함께 고민해야 한다.

필자는 이 책을 총 7장 구성으로 미래를 위한 자녀교육에 대한 지침을 정리했다. 1장에서는 아이들의 건강한 성장의 기본이 되는 부모의 관심과 사랑의 의미를 생각해 보았다. 관심 속에서 자란 아이들은 자신감과 자존감이 확실하다. 어려서부터 부모가 어떤 철학을 가지고 아이에게 일관성 있게 양육하는지, 또 부모가 아이를 양육하며 어떻게 칭찬하면 좋은지 그 효과에 대해서도 이야기해 본다.

2장에서는 구체적으로 제4차 산업혁명 시대의 인재란 어떤 상이며 거기에 맞는 교육은 무엇인지에 대해 얘기한다.

3장에서는 다가올 제4차 산업혁명 시대에 걸맞은 부모의 모습인 '반응적인 아버지상'에 대해 소개하고 있는데, 과연 나는 몇 가지나 부응할 수 있는지 체크해 보길 바란다. 이 장에서는 체벌과 훈육의 필요성에 대해서도 생각해 보았다. 흔히 사랑이란 이름으로 아이의 체벌을 훈육으로 잘못

알고 있는 부모들이 있는데, 아동 학대와는 엄연히 구분되어야 한다. 더불어 부모로서 꼭 해야 할 역할인 교육, 통제, 양육기능에 대해서 구체적으로 정의해 보았다.

4장에서는 부모가 목표를 가지고 자녀교육을 하려다가 범할 수 있는 실수담을 담아보았다. 부모들이 자녀를 교육할 때, 같은 실수를 반복하지 않기를 바라는 마음에서 모든 이가 공감할 수 있도록 구체적인 솔루션도 제시해 놓았다.

5장에서는 부모들이 가장 힘들어하는 사랑과 통제의 문제를 다루었다. 사랑과 통제를 적절히 해야 한다고 말은 하지만 아이를 억지로 이끄는 부모도, 아이를 방치하는 부모도 많다. 혹자는 아이와 놀이를 하면서 상황에 맞게 관찰하며 해답을 찾는 지혜로운 부모도 있다. 놀이가 단순히 노는 시간이 아닌 아이에게 중요한 자기탐색의 시간이라는 사실을 말해주는 놀이 본능을 논의했다. 아이의 천직 찾기는 놀이 본능으로 놀고 있을 때, 발견한다는 것이 고대에서부터 해 오던 일이다. 인류 역사를 추적해 볼 때도 놀이를 통해 인간 형성의 원형을 보려고 했다. 이밖에도 극기를 체험하며 배우는 인성과 경제교육으로 자신의 삶을 어려서부터 다져가기, 부모의 도움에 의존하지 않고 부족하게 키워서 아이가 경쟁력 갖게하기 등 또한 같이 설명하였다.

6장에서는 아이들에게 첫 성교육의 시기와 방법들을 소개하고, 인터넷과 스마트폰에 빠진 아이들의 문제점을 짚어본다.

7장에서는 우리 아이들의 행복에 대한 현주소를 점검해 보고, 아이를 교육하기에 앞서 부모는 아이의 마음을 잘 읽어주는 것이 교육의 시작이며, 아이가 스스로 자기 일을 찾아 홀로서기를 할 수 있다고 보았다.

되돌아보니 지금까지 여섯 권의 자녀교육서를 출간했다. 일곱 번째에 해당되는 책이지만, 언제나 쓰고 나면 아쉬움이 남는다. 필자의 부족함을 고백하고 인정하면서 그간의 교단에서의 경험과 상담 사례들이 독자들에게 도움이 되리라 믿는다.

올해는 유난히도 더웠던 여름이었다. 연구실에서 글을 쓰느라고 더운 줄도 모르고 지냈다. 출판 마감일자로 시각을 다투다보니 어느덧 여름의 끝자락이 다가왔다. 그래도 난 행복하다. 하고 싶은 이야기를 속 시원하게 쓸 수 있었고, 애정 어린 조언을 여러분께 숙제로 드릴 수 있기 때문이다. 그리고 언제나 내 글에 등장하는 어릴 적 에피소드의 제공자인 두 아들에게 감사하다. 그들 없이는 내 글이 생생하지 못했을 테니 말이다.

북악관 연구실에서
허영림 드림

차례

인공지능 시대
내 아이 어떻게 키울까?

1장

아이들은
부모의 관심을 먹고 자란다

2장

4차 산업혁명 시대의
부모는 달라져야 한다

3장

나는 과연
어떤 부모일까?

4장

눈높이 육아로
아이와 부모 모두가 스트레스 프리!

5장

사랑과 통제의 균형을
잘 맞춰라!

6장

아이의 성교육과 절제력,
어떻게 교육해야 할까?

7장

우리 자녀는
행복한가?

1장

아이들은
부모의 관심을
먹고 자란다

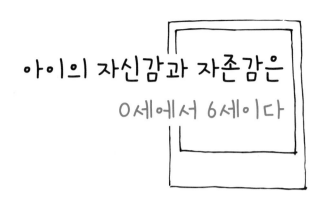

아이의 자신감과 자존감은
0세에서 6세이다

 예전에 들은 사례이다. 교실에서 뛰어다니며 말썽을 일삼는 아이가 있었다. 교사는 그 아이를 여러 방법으로 통제해도 아이를 제어 할 방법을 찾지 못했다.

어느 날 오후, 교사는 며칠 아이를 방치하고 관찰하던 끝에 그 아이를 따로 불렀다. 교사는 아이에게 야단치기보다는 손을 꼭 붙잡고 예전보다 좀 더 진지한 어조로 말했다.

"너는 내가 본 아이들 중에 제일 에너지가 많고 힘이 좋은 아이란다. 그래서 넌 아마도 나중에 네 손과 발로 많은 사람을 도와주는 일을 할 것 같구나."

그 말을 들은 아이는 거짓말처럼 조금씩 달라지기 시작했다. 아이는 학년이 올라가면서 본인을 인정해주던 선생님에 대한 보답으로 공부를 열심히 했다. 훗날 시간이 흘러 아이는 의사가 되었다. 그리고 고통 받는 사람을 돕기 위해 해외봉사를 많이 다녔다고 한다. 교사가 아이에게 말했던 것처럼 된 것이다.

이야기를 듣고 보니 훈훈했다. 아이에 대한 교사의 마음은 사랑이었으며, 그 사랑을 느낀 아이는 받은 사랑을 평생 마음에 두고 자신감을 키워갔던 것이다. 이러한 사례는 아이가 자존감 있는 삶을 살게 된 좋은 예다.

사람을 성공으로 이끄는 가장 기본적인 힘은 무엇일까? 바로 자존감이다. 자존감은 남들이 내리는 객관적 판단이라기보다 자기가 생각하는 주관적인 느낌이라고 할 수 있다.

사실, 부모가 아이의 자신감을 갖도록 노력할 수 있는 가장 좋은 시기는 0세~6세다. 이때 아이들은 양육자의 절대적 사랑과 보호, 관심 속에서 성장하게 된다. 그러나 요즘 자아 혼돈 상태의 부모들이 아이를 데리고 학원을 전전하며 학습지 경험을 미리 시키는 경우가 허다하다. 이러한 조기의 부적절한 경험을 하게 된 아이들은 정작 학교 들어가 공부에 몰두해야 할 때는 산만해져서 ADHD, 유사자폐로 진단을 받아 사회성 부족으로 소아정신과에서 치료를 받는 경우가 허다하다. 부모의 방향성 없는 교육은 자녀의 단계적 발달을 순조롭지 못하게 한다. 위에 언급된 사례는 아이가 다행히도 교사의 사랑으로 극복을 한 좋은 경우이다.

부적절한 조기교육에 시달린 유아는 유아기 완성의 상실 속에서 마땅히 키워져야 할 자신감과 자존감이 훼손당하게 된다. 자존감과 자존감이 상실된 아이들이 학교에 들어가면 학교생활에 잘 적응하지 못한다. 더욱이 학년이 올라갈수록 상황이 좋아지기보다는 해야 할 해결 과제가 더 많아지게 되어 좌절하기 십상이다.

옛말에 '시작이 반이라는 말'이 있다. 시작이 좋았을 때는 이미 반은 한 것이고 나머지 반만 잘하면 된다고 생각할 수 있는데, 요즘은 안타깝게도 시작부터 잘못하는 부모들이 많다. 그렇기 때문에 유아기에 얻어야 할 자신감과 자존감의 상실로 아이들이 그저 학년만 올라가는 현실이 안타깝기만 하다.

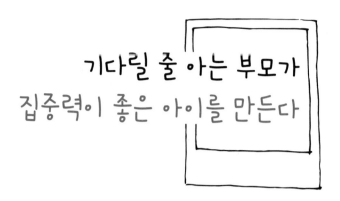

기다릴 줄 아는 부모가
집중력이 좋은 아이를 만든다

 아이를 키우는 과정은 기다림의 연속이다. 갓난아이가 일어나서 앉고, 걷고, 말하고, 글자를 알게 되고, 혼자 살아갈 수 있을 때까지는 상당한 시간이 걸린다. 모든 것에는 거쳐야 하는 과정이 있다. 이제 막 걸음마를 시작한 아이에게 뜀박질을 가르친다고 해서 하루아침에 아이가 뛸 수는 없다.

아이마다 개인차가 있으므로 아이에 맞는 다른 원칙을 가지고 일관성 있게 지켜봐야 한다. 즉, 목표를 가지고 그 아이에 맞는 교육법을 가지고 있지 않으면 매번 선택의 기로에서 걱정과 우려가 교차되며 흔들리게 된다. 즉, 목적지 없이 떠나는 배는 바다를 표류할 뿐이지만 목적지를 분명히 가지고 있는 배는 바다를 유유히 여유롭게 항해하게 된다.

신나고 활기찬 분위기의 가정을 만들고 싶은가? 그렇다면 부모는 자신의 아이에 맞는 교육법을 가지고 아이가 해 낼 수 있는 것을 기대하고, 예측해야 한다. 부모의 일은 아이 스스로가 해 낼 수 있도록 기다리며 기회를 주는 것이다.

부모가 선행학습으로 서두르거나, 학습결과에 대해 조급증을 낸다면 실패할 확률이 높다. 오히려 아이 스스로 온갖 역경과 고난, 실수와 실패를 이겨내고 홀로 우뚝 설 때까지 묵묵히 곁에서 지켜보며 기다려주는 부모가 바람직하다. 물론 그렇게 하기란 쉬운 일은 아니다.

사실 가장 쉬운 것은 부모가 아이 옆에서 알려주며 아이의 실수를 적게 하여 실패를 줄이는 일일 것이다. 그런데 과연 이런 방법이 옳은 것일까? 언제까지 따라 다니며 가르쳐 줄 수 있을까? 이 질문에 대한 대답으로 우리가 익히 알고 있는 마마보이와 헬리콥터 부모의 예를 보면 그렇지 않다는 것을 확실히 알 수 있을 것이다.

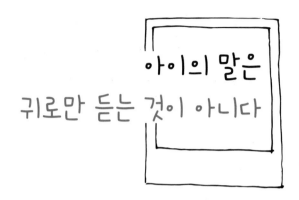

아이의 말은
귀로만 듣는 것이 아니다

 부모가 보기에는 대수롭지 않은 일이 아이에게는 커다란
상처가 되기도 한다. 아이의 상처가 깊어지면 슬픔이나 분노,
두려움 같은 부정적인 감정이 생기기 쉽다. 아이가 쉽게 상처
받고 두려움을 느끼는 기질을 타고났기 때문일 수도 있지만, 친구들과 사
이가 좋지 않거나, 동생에게 사랑을 빼앗겨 속상하고 서러운 마음이 들어
서 일수도 있다. 이럴 때, 부모는 아이의 마음을 제대로 읽기 위해서 조용
히 대화의 시간을 갖는 것이 좋다. 부모는 일단 아이의 생각이나 말을 잘
듣고 위로하며 다독여야 한다. 즉, 아이의 말을 통해 아이의 마음을 잘 읽
어야 한다.

만약 적절히 아이의 마음을 읽지 못했다면 아이는 부정적인 감정이 차곡차곡 쌓여 마음의 병이 들게 된다. 마음이 병든 아이는 소리를 지르거나 누군가를 때리는 등 폭력적인 행동으로 자신의 감정을 터뜨리며 표현한다. 이렇게 자란 아이들은 성인이 되어서도 부정적인 생각을 하기 쉽고, 자신의 감정을 다루는데 서툰 사람이 된다. 그렇게 성장하게 되면 자신감과 자존감을 갖고 자라기는 힘들다고 봐야 한다.

스위스 심리학자인 피아제Jean Piaget는 아이가 인지적으로 우수하게 자라기를 바란다면 사회 정서적 발달이 안정적인 것이 우선시 되어야 한다고 강조했다. 즉, 똑똑한 아이보다는 정서적으로 안정된 아이들이 공부에 집중하며 잘 할 수 있다는 말이다.

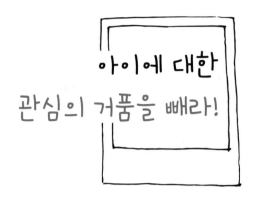

아이에 대한 관심의 거품을 빼라!

'잡초는 경쟁력은 없지만 자생력은 높다'는 말을 들은 적이 있는가? 요즘 시대 아이들을 관찰해 보면 경쟁력은 물론 자생력도 없다는 생각이 든다. 아이가 스스로 하려는 것보다 부모에게 의존하는 경향을 자주 보게 된다. 아이들이 이렇게 된 원인은 무엇일까? 바로 부모들의 자녀에 대한 지나친 관심 때문이 아닐까 싶다.

요즘 부모들은 아이에게 뭘 더 해줄 게 없는지 주변을 살피기 바쁘다. 차에 태워 학교에 데려다 주고 아이가 물건을 잃어버리면 그때마다 새로 사서 챙겨준다. 비단 이뿐인가? 숙제를 대신 해주는 일은 기본이 되어 버렸다. 사실 그런 사례가 너무 많아 일일이 다 열거할 수가 없을 정도다.

이런 것들이 과연 우리 아이를 위한 일들인지 생각해볼 필요가 있다.

예를 들어 지각을 밥 먹듯이 하는 아이가 지각을 하지 않아야겠다고 생각하게 된 계기는 무엇일까? 지각을 했을 때 벌로 받은 화장실 청소를 해봐야 지각을 하지 않으려고 애를 쓸 것이다. 또 아끼던 점퍼를 잃어버려봐야 작년에 입었던 것을 입고 돌아오는 가을까지 기다리는 법을 깨달아야 자기가 한일에 대한 책임감이 생긴다. 이렇듯 아이가 저지른 실수와 잘못을 그저 그릇된 일로만 치부할 수는 없다.

아이가 자신이 저지른 실패를 통해서 잘 몰랐던 사실을 알게 되는 것도 교육의 한 방식이 될 수도 있다. 예컨대 어떤 한 아이가 잘 사용하지 않은 라디오를 가지고 분해를 하기 시작했다고 치자. 아이는 라디오를 분해하고 조립하는 과정에서 소리가 나지 않는다는 것을 알았다. 이러한 경험을 통해 아이는 라디오 소리가 다시 나오도록 궁리를 하게 되고, 연구하는 과학자 같은 태도나 승부 근성을 발휘해보기도 한다. 아이가 어려서 해 보는 실수와 실패가 얼마나 중요한 산 경험인지 부모들은 알아야 한다. 이런 산 경험을 차단하는 부모는 무슨 생각으로 자녀를 키우는지 묻고 싶다.

"네가 최고다"라고 마냥 치켜세우는 교육은 아이의 자생력을 잃게 할 뿐이다. 더욱이 아이를 이기적이고 제멋대로인 성격으로 키우는 지름길이기도 하다.

실패 없이 늘 네가 최고라는 말만 듣고 자란 아이의 미래는 어떨까? 아이가 어느 날 그것이 사실이 아님을 알게 되었을 때, 현실과의 괴리를 극복해낼 힘이 없다. 그런 힘을 키워본 적이 없으니 난관 앞에서 상처를 입고 쉽게 좌절하게 되는 것이다.

아이를 키울 때 가장 중요한 것은 아이에게 지대한 관심을 가지면서도 무관심할 수 있는 균형감을 지니는 것이다. 예컨대, 놀고 나서 장난감 치우기를 규칙으로 했다고 하자. 처음에는 아이와 함께 장난감 치우다가 서서히 아이 혼자서 장난감 정리를 할 수 있도록 지도해야 한다. 엄마는 부엌일을 하면서 가끔씩 시선을 아이에게 주면서 아이가 장난감을 정리하면 눈으로 인정해준다. 나중에는 혼자서 장난감 정리를 다해 놓고 엄마 손을 잡고 놀이방으로 가서 장난감 정리된 모습을 보여주는 아이를 본다면 성공한 거다. 초반에는 관심을 갖고 같이하다가 서서히 아이 혼자서 할 수 있도록 부모입장에서 무관심하게 보이는 태도가 중요하다.

결국, 아이가 정리할 때까지 기다려주는 부모의 지혜가 있어야 하는 것이다. 그런데 '캥거루 엄마'나 '헬리콥터 엄마'라는 말이 유행할 정도로 아이들에 대한 관심과 보호가 지나치다 보니 아이들은 모두 마마걸이나 마마보이로 자라고 있다. 아이 입장에서도, 부모 입장에서도 심각한 문제가 아닐 수 없다. 왜냐하면 언제까지 아이를 도와줘야 하는지 모른다는 게 엄마들의 고민이다. 그래서인지 요즘은 결혼해서도 하나의 독립체가 아닌 묘한 형태로 부모에게 의지하고 사는 신세대가 늘고 있다.

어떤 부모는 아이를 볼 때마다 "최고가 아니면 하지 마라!"는 이야기를 늘 했다고 한다. 그래서인지 현재 중학교 2학년인 딸아이는 초등학교 때부터 줄곧 전교 1등자리를 놓친 적이 없는 칭찬받는 모범생이었다. 그런데 아이가 우울증을 앓아 미술 심리치료를 받으며 약을 복용하고 있다. 일단 부모는 딸아이에게 '1등 근성'을 심어주는 데는 성공한 것 같다. 하지만 아이가 우울증으로 치료를 받고 있다면, 최고를 지향하기보다는 편한 마음으로 학교 공부를 즐길 수 있게 해야 한다. 학교성적 1등보다 행복하게 살 권리가 아이에게 있는 것이다. 결국 딸아이는 엄마의 1등 압박감이 괴로워 우울증이 생긴 것이다.

사실상 자살하는 중학생들 가운데 많은 수가 1등의 압박감에 못 이겨 스스로 목숨을 포기하는 경우가 있다. 실제 사례 중에 중3인 딸과 대립각을 세우는 엄마의 예를 살펴보자. 시험 때가 되면 딸은 방안에서, 엄마는 거실에서 딸을 감독하면서 성적관리를 해왔다. 그러던 어느 날, 딸이 쪽지에 '엄마, 이제 됐어!'라는 메모를 남기고 아파트 창문에서 뛰어내려 자살을 했다.

딸은 왜 자살을 택한 것일까? 아이를 숨 쉴 틈도 없이 몰아세운다면 '자살'을 거꾸로 읽으면 '살자'라는 뜻을 인지할 수 있는 여유조차 없었을 것이다. 아이가 자유 시간도 없이 가벼운 마음의 여유도 허용되지 못한 채 부모 밑에서 쫓기 듯 살아왔다면 오로지 '자살'이라는 글 외에는 볼 수 없었을 것이다.

영어로 'NO'를 생각해도 재미있다. '아니다'의 뜻이 거꾸로 보면 'ON'으로 뭔가를 시작해도 되는 말이 된다. 어찌 보면 산다는 것에 정답이 없다고 한다. 한쪽 방향으로만 아이를 몰고 가는 부모님들이 먼저 여유를 찾고 삶의 철학을 다시 정립해 본다면 청소년 자살률 1위라는 불명예에서 벗어나고, 아이와의 관계도 훨씬 좋아질 것이다.

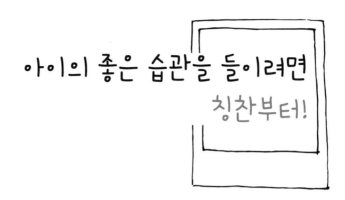

아이의 좋은 습관을 들이려면 칭찬부터!

 어릴 때 주변 환경을 어떻게 조성해 주느냐에 따라 아이에게 좋은 습관을 키워줄 수도 있고, 그러지 못할 수도 있다. 무엇보다 올바른 습관을 키워주려면 부모의 올바른 훈육이 필요하다. 즉, 올바른 습관은 아이에게 해도 되는 것과 안 되는 것을 일관된 태도로 교육하고 지도해야 한다.

이때 아이에게 좋은 습관이 자리 잡게 하려면 칭찬만큼 좋은 것이 없다. 부모에게 칭찬받은 아이는 부모로부터 인정받았다고 생각해서 기뻐하고, 그런 기쁨을 맛본 아이는 다음에도 칭찬받을 수 있는 행동을 계속하려고 한다. 이런 일이 반복된 아이들은 점차로 주변의 칭찬을 받기 위해서 어떤 일을 하기 보다는 몸에 밴 습관처럼 선행을 하고, 그것을 당연한 일처럼 생각하게 된다. 따라서 평소 부모는 아이가 잘한 짐 몇 가지를 먼저 칭찬하는 습관을 가지는 것이 좋다.

부모의 칭찬은 아이의 기분을 좋게 한다. 따라서 지적할 일이 있을 때 먼저 몇 가지 칭찬을 아이에게 한다. 그리고 난 뒤 나중에 보완할 한 가지 만을 지적해 준다면 아이는 기분 좋게 새로운 것을 배우며 잘못을 고치려 할 것이다. 여기서 강조하고 싶은 점은 사람은 칭찬으로 교육이 가능하고 칭찬을 받은 사람은 서서히 변한다는 것이다.

사실 칭찬에도 원칙이 있다. 칭찬은 아이가 뭔가를 했을 때 바로 하는 것이 좋다. 즉 행위사실에 입각해서 해야만 효과가 있는 것이다. 그러나 아이가 노력하지 않은 일에 대해서 칭찬하는 것은 효과가 없다. 예컨대, 키가 크다고 칭찬하거나 쌍꺼풀이 있어서 예쁘다고 칭찬하는 것은 아이 가 어떤 일을 해서 얻어진 결과가 아니다. 그러므로 부모로부터 물려받 은 것을 가지고 칭찬하지 않는 게 좋다. 칭찬의 좋은 예는 아이가 시골에 서 올라오신 할아버지에게 방석을 깔아 주었을 때와 같은 행동에 해주는 것이 좋다. "우리 아들이 할아버지에게 방석을 깔아드렸구나! 고맙네."라 든지, "이런 아들이 있어서 언제나 엄마는 든든해."와 같은 말이 칭찬으로 효과가 있다.

조금 더 자란 아이들에게 칭찬의 효과를 보려면 속삭이듯 말하되, 듣고 자 하면 다 들리는 소리로 주변 사람들에게 칭찬을 하는 것이 좋다. 예를 들면 "사실 803호 아줌마에게만 몰래 하는 얘기지만, 우리 아들이 또 반에서 1등 했어요. 아들에게는 대수롭지 않게 말했지만, 사실 우리 아들이 얼마나 기특한지 몰라요. 쟤는 과외도 학원도 안 다니거든요. 생각만 해도 배가 부르고 신나는데, 내가 너무 좋아하면 아이가 교만해질까 봐 사실 내색도 못했네요."와 같이 대화 내용을 아들이 들을 수 있는 근거리에서 들을 수 있게끔 칭찬하는 게 효과가 있다.

다른 예로는 아들 친구들이 집에 놀러 와서 웃고 노는 장면을 엄마가 부엌에서 듣고는 친구들이 돌아간 뒤에 이렇게 얘기하는 것도 효과 만점이다. "아들! 너 아까 말할 때 보니까 네가 말할 때 아이들이 제일 크게 웃더라. 네 친구가 얘기할 때는 아이들이 무슨 소리인지 모른다고 했어. 기억나니? 엄마는 네가 그런 유머감각을 갖고 있는지 오늘 알게 되었지! 대단한 유머였어. 언어의 마술사 같다고나 할까?" 이렇게 얘기하면 아이는 "엄마, 진짜로 내가 유머감각이 있다는 거야? 난 그런 말 처음 듣는데……."라고 말하면서도 기분 좋아 할 것이다. 물론 사실에 입각해서 말해야 하기 때문에 칭찬하는 입장에서는 아이들을 잘 관찰하고 분석하는 것이 좋다. 일부러 없는 사실을 만들어서 과장하여 칭찬하는 것은 오히려 좋지 않다.

결론적으로 칭찬을 잘 하려면 엄마가 부지런해야 한다. 그리고 영민한 관찰력도 필요하다. 사람들은 진정한 칭찬을 들으면서 성장하기 때문에 칭찬을 하는 일은 참으로 중요한 일이다. 더욱이 자라나는 아이에게 칭찬하는 일이 얼마나 중요한지 말할 필요도 없다. 아이를 칭찬하는 것은 귀로 먹이는 보약과도 같다.

그동안 내담자들과 상담을 통해서 알게 된 사실이 한 가지 있다. 고학력자 전문직의 엄마일수록 아이들에게 칭찬하는 일에 인색하다는 점이다. 전문직 엄마와 상담한 후에는 아이와의 관계 개선을 위해 꼭 숙제를 내준다. 이른바 책상머리에 놓고 쓰는 달력 활용법이다. 4주가 정확하게 구분되어 있는 달력 하나를 준비한다. 아이와 관계 개선을 위해 첫 주는 하루에 한번 칭찬거리를 찾아서 칭찬해주면 그날 임무는 완성이다. 즉, 첫 주는 칭찬거리를 한 개 찾아서 해주기로 월~일까지 한다. 두 번째 주는 하루에 칭찬거리 두 개를 열심히 찾아서 칭찬 임무를 완성하면 된다. 그러기를 일주일동안 매일 두 개씩 찾아서 한다. 셋째 주에는 매일 세 개를 찾아서 칭찬한다. 이런 식으로 나는 엄마들에게 매주 달력에 체크할 때마다 임무를 달성했을 때 ×표를 해가지고 오라고 숙제를 내줬다. 그 결과 재미있는 일들이 생기기도 한다. 4주 후에 오기로 한 엄마들이 오지 않는 일이 생기는 것이다. 왜 그럴까? 아이와의 문제가 다 해결되었다며 오지 않았던 것이다.

칭찬은 사실 아무나 다 잘하는 일은 아니다. 어떤 사람들이 칭찬을 퍼붓듯이 하는 걸 보면 오히려 부담되고 싫다. 과장된 칭찬에는 진정성이 없고, 원래 의도하는 바와 다른 게 있는 것처럼 느껴지기 때문이다. 꼭 기억할 것은 아이가 어떤 일을 노력하고 스스로 한 것을 가지고 칭찬을 해야 된다. 서서히 아이가 달라진다면 부모의 인내와 관찰력이 대단한 것이다. 매일 한 개씩이라도 칭찬을 시작한다면 아이는 서서히 달라진다.

2장

4차 산업혁명 시대의
부모는
달라져야 한다

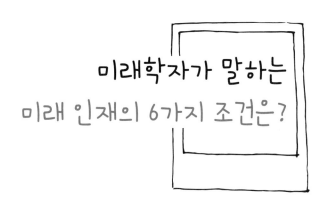

미래학자가 말하는
미래 인재의 6가지 조건은?

 　　농경사회에서 산업사회로 이어지면서 시대가 원하는 인재
상도 다르게 바뀌었다. 이미 지식정보화 시대를 거쳐 4차 산
업혁명 시대에 들어섰다. 지식정보화 시대에서는 좌뇌형 지식
근로자의 덕으로 논리, 연산, 언어, 분석의 기능을 학습에 의해 훈련했다
면 앞으로 미래형의 인간은 이것만으로는 부족하다는 것이다. 즉 전혀 다
른 영역인 우뇌형이 좀 더 개발되어야 한다.

　　우뇌는 논리보다는 감정에 호소하기 때문에 학습과는 관련이 없는 영역
으로 볼 수 있다. 만약 어떤 이가 작은 부분에서 전체를 보는 능력이나 문
맥으로 큰 그림을 그리는 능력, 종합하는 능력이 뛰어나거나 개별적인 것

보다 관계를 더 중시한다면 그는 우뇌형 인간이다. 다시 말해, 미래형 인재는 예술적이며 감성적인 아름다움을 창조해 낼 수 있는 능력을 가진 사람인 것이다.

미래학자인 다니엘 핑크Daniel Pink는 그의 저서 《새로운 미래가 온다》에서 미래 인재의 6가지 조건을 말했다. 그가 말한 첫 번째 조건은 디자인이다. 풍요 시대를 사는 우리는 단순히 소비를 넘어선 소유를 갈망한다. 더이상 어떤 물건을 가격과 기능이 우수하다는 이유로 선택하지 않는다. 그외에 것을 더 중요시하는데 바로 디자인의 영역이다.

예컨대, 냉온수기를 사려고 할 때 대부분의 사람은 냉수와 온수의 기능과 합당한 가격에만 관심 갖기보다는 디자인이 현대적으로 되어 있는지에 관심을 갖게 된다. 또한 제품의 디자인이 부피를 많이 차지하지 않고, 간편하게 부엌이나 거실구석에 장착되어 있으면서도 실내 환경과도 잘 어울린다면 그 디자인을 선택한다.

두 번째 조건은 스토리다. 소비자를 움직이는 제3의 감성은 상품에 얽힌 스토리가 있어야 한다. 모두에게 공감대를 형성하는 것이 중요한 일이기 때문이다. 예컨대, 교회 바자회 행사만 보더라도 쉽게 적용된다. 바자 행사의 수익금 전부가 심장병 어린이 돕기라고 하고 그간 바자 수익금으로 심장 수술을 몇 명이 했으며, 그들 중에 지금 대학교 다니는 학생이 수술을 받은 것에 감사함을 전하는 내용을 영상으로 보여준다면 바자 행사의 참여도가 무척 높아진다. 이는 많은 사람에게 공감대를 형성했기 때문이다.

세 번째 조건은 조화다. 앞으로는 자기가 알고 있는 한 분야의 지식만으로는 살아가기가 힘들다. 즉, 자기가 알고 있는 분야 외에 다른 능력을 한두 개 더 발휘한다면 큰 보상이 된다. 더 나아가 여러 분야의 경계를 넘나드는 사람이라면 그 자체가 창의이며 조화이다. 즉, 전혀 다른 두 개 아이디어를 결합한다면 그 자체가 새로운 발명품이 된다. 요즘 멀티 라이브즈의 형태가 눈에 많이 띈다. 멀티 라이브즈로 살아가는 사람들은 여러가지 다른 삶을 살고 있어서 우리 눈에 즐겁고 신나게 보이는데, 사실은 그런 다수의 삶이 다른 형태의 조화를 이루고 살기 때문에 좋게 보이는 것이다.

네 번째 조건은 공감이다. 인공지능 시대에 모든 일을 컴퓨터가 한다고할 때 우리가 할 수 있는 일이 무엇일까? 그것은 바로 공감력이다. 컴퓨터가 할 수 없는 일이 공감이기 때문이다. 자동화 시대에 의사도 안전한 직업이라 할 수 있을까? 의료 자동화로 된 로봇의사 왓슨의 진단이 실제로의사가 진단하는 것보다 더 정확하다고 한다. 그렇다고 의사라는 직업이사라지는 게 아니라 로봇과 의사가 같이 협업으로 일해야 한다. 왓슨을좋은 도구이면서 협업할 수 있는 파트너로 여기며 실제 의사들이 잘 활용하면 된다. 왓슨이 내린 치료법을 의사가 받아들이고, 실행여부는 실제의사가 여러 가지 환자의 상태를 고려해서 최종 판단을 내리는 것이다.

다섯 번째 조건은 놀이다. 놀이의 목적은 무엇일까? 바로 즐거움을 느끼는 것이다. 누구든 늘 진지하게 행동한다면 좋아할 사람이 없다. 여러 명이 함께 어울려 놀면서 우리는 사람들로부터 우러나오는 미묘한 감정을 이해하며 상대방에 대해 더 많이 알게 된다. 또한 놀면서 함께한 사람들과 여러 가지를 궁리하며 새로운 일도 시작할 수 있다.

미래형의 인간은 어떤 일에 성공의 목표를 가지고 노력하려는 자세가 중요하다. 하지만 사실상 더 중요한 것은 어떤 일에 이미 즐기고 있는 사람을 이길 자가 없다는 것이다. 일을 놀이처럼 하는 사람은 삶을 즐겁게 살아간다.

여섯 번째 조건은 의미다. 우리는 풍요 속에서 살아가면서 예전보다 더 정신적인 의미를 찾게 되었다. 최소한의 정신적 가치가 우리 삶을 향상시킨다고 믿고 있기 때문에 그 중 몇 가지 정신적 가치에 의미를 부여하며 살아간다.

앞으로 미래형 인간에게도 물질만으로는 해결될 수 없는 부족한 그 어떤 것이 있다. 평범한 일상에서도 우리는 늘 삶의 목표와 의미를 찾는다. 따지고 보면 아무런 의미 없이 사는 사람은 하나도 없다. 의미부여 하는 과정이 우리들의 삶의 모습인 것이다.

다니엘 핑크가 말하는 6가지 조건에 맞는 인재의 유형은 다양한 사고를 할 수 있는 각양각색의 사람들이다. 즉, 창작하는 사람들이나 타인과 공감 능력을 가진 사람들, 패턴을 읽는 사람들, 열정을 갖고 자기 일을 즐기는 사람들, 의미부여 할 수 있는 사람들, 그리고 자기 스토리를 겸비한 사람들이다. 스토리를 겸비한 사람들은 남을 설득하거나 의사소통 능력이 뛰어나다는 평을 듣는데, 이것은 자기 이해력이 높다는 뜻이다. 이런 사람들을 '스토리텔러'라고 부른다. 스토리텔러가 되려면 전뇌를 쓰게 하고 우뇌적인 사진과 좌뇌적인 글의 조합 방식을 이용하는 것이 좋다. 우뇌는 사물인식을 사진처럼 동시에 인식한다면 좌뇌는 순차적으로 사물을 처리하며 사진처럼 인식하기보다는 수천 개의 단어로 인식한다. 그동안 우뇌적인 재능은 과소평가되고 다소 무시되어 왔다. 예술적, 초월적, 장기적 안목과 심리적 공감대를 형성하는 우뇌에 앞으로 관심을 더 가진다면 자녀를 미래형 인재로 키울 수 있을 것이다.

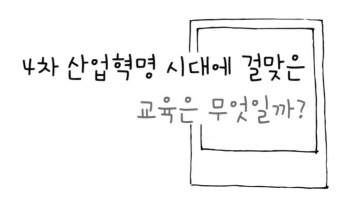

4차 산업혁명 시대에 걸맞은
교육은 무엇일까?

그렇다면 4차 산업혁명 시대를 살아내기 위한 능력은 무엇일까? 뭔가를 스스로 다양하게 해내는 힘이다. 그것은 학교 공부만을 말하는 것은 아니다. 미국의 경험 철학자 존 듀이^{John Dewey}의 말을 인용하면 그는 '생활이 곧 교육'이라고 했다. 매일의 생활 속에서 뭔가를 성취해 본 아이가 학교에 가서 하고자하는 공부나 흥미 영역에 도전하는 아이가 된다.

따라서 어려서부터 공부를 시키고 고득점의 성적을 받으라고 강조하기보다는 아이가 열정을 가지고 집중할 수 있는 영역을 찾아서 자신의 능력을 확장한다면 그 분야에 뭔가 해 낼 수 있는 힘을 갖게 된다. 모두 학교

공부에만 초점을 둔다면 AI가 쉽게 하는 일을 우리 아이들은 평생 노력하는 꼴이 된다. 다시 말해 아이들이 자랄 숲의 연구가 없이 나무만 잘 키워진다면 나중에 숲과 어우러지지 못하는 나무의 존재는 더 큰 문제이다.

사람보다 AI는 많은 정보를 입력해도 피곤해지지 않으므로 의학계의 AI는 실제 의사보다 더 유능하다고 한다. 우리는 아이들이 AI가 할 수 없는 영역인 공감력이 높은 아이, 뭔가를 해내는 힘으로 도전할 수 있는 아이로 키우는 것이 중요하다. 지금까지 믿어왔던 교육 패러다임을 바꾸어 재정비를 해야 할 시기가 바로 지금이다. 부모가 변해야 자녀가 변한다는 말은 부모가 가진 교육 패러다임에 따라 자녀의 삶이 달라지기 때문이다.

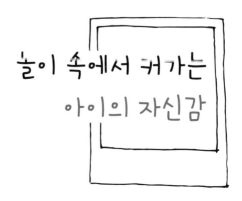

놀이 속에서 커가는
아이의 자신감

  어떤 부모들은 자신의 아이가 매사에 집중이 잘 안 되어, 뭘 좋아하는지 모르는 경우가 종종 있다고 말한다. 그럴 때 가장 쉽게 알아내기 위한 방법이 있다. 바로 자유시간(노는 시간)에 아이가 집중해서 노는 모습을 지켜보는 것이다.

사실 어려서 놀 때 집중하는 힘이 학교에서 공부에 몰입하는 힘이고, 나중에 사회에 나오면 일할 때 쓰는 열정과 같은 에너지이다. 사실상 놀이와 공부와 일이 하나의 연장선상에 있는 셈이다. 그래서 놀이에 집중해서 노는 아이들은 참으로 다행이고 희망적이다. 놀이는 어른 아이 할 것 없이 모든 인간에게 삶의 활력소가 되는 에너지를 만들어 내기 때문이다.

현실적으로, 아이들은 나이와 학년에 상관없이 선행학습을 강요하다 보니 일찍부터 스트레스를 받는다. 그런 아이들이 자신의 정서 세계를 탐색하고, 표현하고, 스트레스를 풀 수 있는 것이 바로 놀이이며 치료가 된다. 가끔씩 아이들에게 자유 시간을 주어 각자가 자기를 찾고 치유하는 시간을 허용하는것이 필요하다.

　예전에 했던 상담이 생각난다. 적절히 놀아 본 경험이 없는 아이들은 성장하고 난 뒤에 여러 형태의 문제행동들을 보이기도 한다. 이번에 상담하게 된 내담자는 네 살 된 딸아이가 매사 까다롭고 달래기 힘들어 엄마 말고는 아무도 돌보지 못하는 경우였다.

　엄마는 딸아이가 이유 없이 생떼를 쓰기 때문에 아이가 오래 울 때면 달래지 않고 방치한 적이 많다고 했다. 딸아이는 혼자서 밥을 먹지도 않았고 밥풀이 그대로 묻은 손으로 "엄마 예뻐"하면서 의도적으로 엄마 얼굴에 묻히기도 한다는 것이다. 이따금 딸아이는 엄마를 아프게 때리면서 "장난이야"라고 웃어넘기는 일도 다반사였다. 엄마는 이런 행동을 하는 딸아이의 속을 도무지 알 수가 없다고 했다. 이런 경우는 유아기의 반항 장애로 본다.

　사실 위와 같은 딸아이의 경우, 영아기 때부터 한번 울거나 떼를 쓰면 달래기가 힘든 아이였을 가능성이 높다. 이런 아이는 주로 먹는 일, 잠자는 일, 대소변 가리기의 모든 행동이 다른 아이들과 다르다. 심한 분노를 보이거나 발작도 자주 일으키고, 정리하기, 목욕하기, 수면시간 지키기,

말대꾸 안 하기, 숙제하기와 같은 일로 부모와 잦은 분쟁을 일으킨다.

실제로 부모에 대한 적대적인 반항 문제로 병원을 찾는 아이들이 점차로 늘고 있다. 위의 경우는 딸아이가 천성적으로 까다로운 아이여서 다루기가 힘들어 부모가 종종 좌절을 경험했을 것이다. 이런 일이 반복되면 부모도 한계를 느껴 자녀를 믿지 못하고 울도록 방치하거나 야단을 치게 된다. 이럴 때 아이는 무력감과 좌절, 분노를 느끼면서 모든 것을 온몸으로 기억하게 된다. 그러면서 점차 침묵하거나 말을 듣지 않는 적대행위로 부모와 상호작용을 복수하듯 하게 된다. 이때 부모가 자녀를 훈육한답시고 하는 잔소리나 야단, 체벌이 오히려 아이의 적대적인 행동을 강화시킨다. 그보다는 놀이 시간을 늘리고 질적인 놀이가 되도록 부모의 교육이 필요하다.

대학생인 딸이 기숙사에서 친구들과 적응하는 데 문제가 있다며 상담을 요청한 엄마가 있었다. 딸은 중, 고등학생 때에도 반을 여러 번 옮긴 일이 있었고, 남자친구를 만나도 3개월 이상 사귄 적이 없었다고 한다. 딸은 늘 자신감이 부족했으며 대학에 입학하는 것도 엄마가 애써 기운을 북돋워 줘가며 지방대에 들어가게 했다는 것이다.

대학생인 딸은 가끔씩 엄마와 조용히 대화를 나눌 때면 언제나 "엄마는 왜 나를 그렇게 방치하고, 관심도 없어? 날 사랑은 한 거야? 솔직히 말해 줘!"라며 몇 번이고 확인하려는 의도로 질문을 한다고 했다. 그럴 때마다 엄마는 "그래, 그래서 엄마가 늘 미안해! 갑자기 쌍둥이 남동생이 생겼고,

네가 순해서 그랬던 거지. 그리고 엄마가 병원에 간 것은 일을 해야 했기 때문이야."라고 말을 해도 딸아이는 엄마 편에서 이해하기보다는 본인의 서운함을 달래기에 급급해했다. 엄마는 딸아이에게 언제나 용서를 구하는 말을 해도 소용이 없었다고 한다.

이런 경우도 애정 결핍으로 인한 반항장애로 본다. 어려서부터 엄마가 잘 놀아 주지 않았던 것이 딸아이가 양육자인 엄마를 지속적으로 괴롭혔던 원인이 아니었을까 싶다. 이런 반항장애의 원인은 잘못된 양육환경과 방식, 즉 충분히 엄마와 논 경험이 없는 아이에게 많이 생긴다. 대학생인 딸아이는 자신이 부모의 사랑을 받지 못해서 언제나 쓸쓸하고 불행한 느낌을 갖고 평생 트라우마로 남게 된 슬픈 경우라고 볼 수 있다.

아이를 긴 시간 울도록 방치한다거나, 아이의 욕구에 민감하게 반응하지 못했거나, 심한 경우는 의도적으로 아이의 의지나 욕구를 꺾으려는 것은 잘못된 양육방식이다. 만약 엄마가 순조롭게 아이와 잘 놀면서 서로를 알아갔다면 위와 같은 사례를 많이 줄 일 수 있었을 것이다.

억지로 하는 공부,
하나마나다

 공부의 주체는 아이가 되어야 한다. 너무 이른 시기에 많은 학원을 돌아다니며 선행학습으로 주입식 교육에 치중된 아이들은 초등학교 졸업 전에 지쳐버리기 쉽다.

어느 방송 프로그램에서 초등학교 5학년 학생이 "전 수포자입니다"라고 말하는 것을 보고 마음이 먹먹했다. 5학년에 수학을 시작해도 늦은 시기는 아니라고 생각이 들었는데 벌써 '포기'라니……. 공부에는 때가 있는 것이 아니며 삶을 살아가면서 평생 공부를 해야 한다는 걸 안다면 이런 말을 할 수 없을 것이다. 아이가 억지로 수학을 공부하며 수포자라고 할 수 밖에 없는 우리나라에 현실이 답답할 뿐이다.

앞으로 미래 사회에서 바라는 인재는 좌뇌와 우뇌를 잘 쓰는 아이다. 그러나 지금 우리가 주력하고 있는 교육은 좌뇌형 인간이다. 즉 학습지를 풀어 정답을 찾고, 글을 요약하여 분석하는 좌뇌형 인재만을 키우고 있는 것이다. 좌뇌형 인간만을 중요시한다면 불균형적인 아이로 성장할 수 있기 때문에 4차 산업혁명 시대에 적격한 인재인지 고민해 봐야 한다. 따라서 아이와 함께 산이나 공원, 캠핑장을 다니며 다양한 경험을 할 수 있도록 해야 한다. 그렇다면 우뇌형 인간으로 키우는 방법에는 무엇이 있을까? 바로 아이가 몸으로 직접 겪어서 정보를 익히게 하는 것이 좋다. 교육에는 단순히 지식만 전달하는 게 아닌, 경험이 되어야 하며 문제를 해결하는 과정이 있어야 한다.

좌뇌와 우뇌가 골고루 발달한 미래형의 자존감이 있는 아이로 키우려면, 어려서부터 부모의 방향성 있는 교육철학이 중요하다. 그에 걸맞은 인내의 시간, 좋은 습관을 가질 수 있도록 칭찬하는 일을 생활화하기, 아이 말에 귀 기울여서 마음을 제대로 읽기, 학교생활 속에서 숨은 분노와 화를 풀어주기, 놀이 속에서 아이 자질 파악하기, 스스로 공부할 수 있도록 도와주기 등 몇 가지를 실천해 볼 수 있다. 교육은 책을 읽고 강의를 듣는 것도 중요하지만 더 중요한 것은 실천하여 성취감을 느낄 수 있어야 한다.

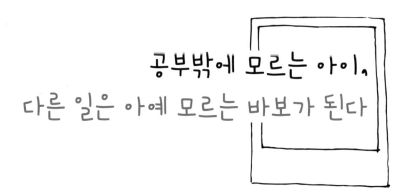

공부밖에 모르는 아이, 다른 일은 아예 모르는 바보가 된다

중학교 2학년 자녀를 둔 엄마를 상담한 일이 있었다. 내담자의 아들은 줄곧 전교 1등을 하며 학교성적이 상위 1퍼센트 안에 드는 모범생이었다. 아들은 초등학생 때부터 공부를 잘해왔고 중학생이 되어서도 스스로 예습과 복습을 철저히 하는 공부의 신 같았다고 한다. 내담자의 말을 들어보니 아들에게 그다지 별다른 문제가 없는 것 같았다. 하지만 내담자는 아들에 대한 고민이 있다고 했다.

아들은 공부가 아닌 다른 일에 늘 엄마에게 묻고 허락을 받고나서야 행동을 한다고 했다. 이러한 아들의 행동이 이제는 엄마에게 부담스럽다고 했다.

어느 날, 아들은 엄마에게 중간고사를 마치고 반 아이들 3명과 함께 친구네 가서 놀다온다고 했다. 엄마는 허락을 했지만 이후 아들에게 수시로 전화가 오기 시작했다. 아들은 친구 집에서 놀다가 이태원에 가서 옷을 사기로 친구들끼리 결정을 했는데, 거기에 자기가 가도 되냐고 물었다는 것이다. 엄마는 아들에게 그러라고 했지만, 아들은 집에 들어오기 전까지 이런 식의 전화를 걸어 계속 엄마의 결정을 구한다고 했다.

이야기를 들어보니 내담자의 아들은 늘 엄마의 허락과 최종 답변이 없이는 어떤 행동도 하기 어려운 아이 같았다. 엄마는 스스로를 자책하는 어조로 자신이 그동안 뭘 잘못했는지 대해 자문을 얻고자 했다.

아들은 거의 14년 동안 엄마의 지시와 결정대로 평온하게 잘 커주었다. 그리고 그것에 대한 긍정적인 결과로 학교 성적 또한 상위권을 유지했다. 이제껏 모자 지간에 서로 보람을 느끼고 잘 살아온 듯 했다. 그러나 엄마는 아들이 점점 다른 또래 아이들과 비교가 되면서 서서히 불안이 싹트기 시작했다. 아들에게 전화가 걸려올 때마다 '이젠 네가 알아서 해'라고 하면 아들은 몹시 불안해하는 기색을 보였다고 했다. 엄마는 공부 잘하는 아이가 불안해 하니 자신이 결정해 주는 방법을 계속 써야 할지 말아야 할지 고민이 되었다. 늘 모든 일을 엄마가 결정해 주는 것이 이제는 엄마로서 너무 괴롭다고 하는 것이 상담의 요지였다.

사실 이런 상담은 정도의 차이는 있지만 흔한 일이기도 하다. 부모로부터 아이가 언제 홀로서기를 시작해야 하느냐는 것이 내담자 고민의 요지였지만, 아이의 홀로서기의 시기에 대한 정답은 없다. 그러나 가장 중요한 것은 아이가 스트레스나 불안을 느끼지 않는 범위에서 서서히 공부 외의 것을 시작해야 한다.

일반적으로 초등학교 4학년부터는 아이 혼자서 할 수 있도록 부모가 조치를 취해야 한다. 즉, 할머니 댁에 선물 갖다드리고 오는 심부름, 쓰레기 분리수거 도우미, 엄마 부재 시 동생돌보기, 독거노인에게 빵 갖다 드리기 등을 시키면서 아이가 학교공부 외에 혼자서 할 수 있는 일들이 많아지도록 해야 한다. 이런 것이 홀로서기 시작이다. 지나고 생각하면 공부는 아이 자신이 필요하다고 느끼는 순간부터 열심히 하게 되어 있다.

아이가 공부하고자 하는 마음을 먹는다면 초등학교 4학년부터는 학교공부에 매진한다. 그때 성취감을 맛 본 아이라면 더욱 박차를 가하게 된다. 그런데 이런 것의 순서가 바뀐 아이들도 있다. 우선순위 1위가 학교공부인 아이들은 모든 일에 면제가 된다. 예를 들면 쓰레기 분리수거 안 해도 되기, 중간고사 시험 앞두고 큰집에 제사 안 가도 되기 등등이다. 상황이 이렇게 돌아가면 아이는 본인이 공부만 잘하면 된다고 생각한다. 이런 식으로 성장하는 아이는 사실상 의외로 많지 않다. 그러나 불행하게도 한 가지 일, 즉 공부만 잘해서 칭찬을 받을 수는 있겠지만 세상을 살아가기에는 힘든 아이가 될 수도 있다.

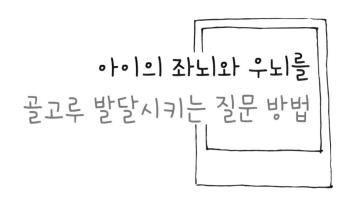

아이의 좌뇌와 우뇌를
골고루 발달시키는 질문 방법

인공지능 시대에 걸맞은 아이로 키우는 것은 무엇일까? 창의적 사고를 지닌 아이는 타고나는 것인가 아니면 키워지는 것인가? 키워진다면 어려서부터 어떤 일을 해야 하는가? 4차 산업혁명과 관련된 강연을 할 때 단골로 받는 질문들이기도 하다. 이러한 질문을 받고 대답을 고민하는 가운데 얻은 결론이 있다.

누구나 그러하듯이 자신이 교육 받은 대로 아이들과 상호작용을 하게 된다. 즉 책 읽는 활동을 보더라도 학령 전에 책을 아이들에게 읽어주고 한 두 개의 질문은 꼭 필수적으로 던지는 사람이 있을 것이다. 예컨대, '도끼가 몇 자루?'라고 질문했을 때 답이 냉큼 나올듯한 질문을 늘 머릿속에

넣어두고 책읽기를 시작한다면 좌뇌 훈련을 시키며 수렴적 사고를 촉진하는 것이다.

사고는 크게 두 가지로 나뉜다. 하나는 수렴적 사고와 다른 하나는 확산적 및 발산적 사고이다. 우리의 학교 교육이나 부모들이 받은 교육의 대부분이 수렴적 사고를 위한 것들이며 대체로 좌뇌가 하는 분석 능력을 촉진하는 것이다.

모든 지식을 습득하는데 좌뇌를 훈련시켜 분석 능력을 키우는 것도 매우 중요하다. 그러나 한번쯤 생각해 보자. 앞으로는 우뇌를 훈련하는 일이 좌뇌 만큼이나 중요한 일이 될 것이다. 왜냐하면 좌뇌가 하는 일 중에는 로봇이 할 수 있는 일이 많으므로 굳이 인간이 좌뇌를 훈련하기보다는 로봇이 못하는 영역에 훈련을 할 필요가 있다. 이미 채팅로봇이 나왔고, 호텔 방 앞까지 짐을 가져다주는 로봇도 나왔으니까 말이다.

그뿐인가? 지속적으로 로봇이 할 수 있는 영역은 상상을 초월할 정도로 확산될 것이다. 그러므로 우리는 로봇이 할 수 없는 일에 집중해야 된다. 그것이 우뇌 훈련이다. 그렇다면 우뇌 훈련은 무엇일까? 즉 공감할 수 있는 능력을 기르는 것이다. 우뇌는 좌뇌의 분석 능력보다는 관계 형성에서 나오는 공감이나 경험을 체험했을 때 몸으로 체득된다.

한번 상상해 보자. 어떤 사람이 뉴욕의 맨해튼에 한 번도 가보지 않았지만, 책을 통해 상세히 알고 있다면 그는 좌뇌형이라고 할 수 있다. 다른 한 사람은 직접 뉴욕으로 향하는 비행기를 타고 여행 삼아 맨해튼 길거리를 돌아다닌다. 몇 달 동안 맨해튼에 머무르면서 이따금 아르바이트를 하며 지역 사람들과 교류를 하는 사람이라면 우뇌형이라고 할 수 있다.

만약 당신이 뉴욕이라는 타이틀로 프로젝트를 진행해야 한다고 가정하자. 그 프로젝트의 결과물을 성공적으로 이끌기 위해 '좌뇌형'과 '우뇌형' 중 누구와 함께 일하고 싶은가?'라는 질문 받았을 때, 당신은 누구를 택하겠는가. 두 말할 필요도 없이 우뇌형을 선택할 것이다.

앞으로 미래에 필요한 경쟁력은 경험이 체험된 지식만이 힘을 발할 것이다. 그런 힘은 대단한 동기가 되어 뭔가를 해내는 힘을 발휘하기 때문이다.

모든 지식을 체험화 시키기 힘들지라도 경험의 유무에 대한 차이는 명백하게 구분된다. 예컨대, 아침에 산책 삼아 아이들과 정기적으로 뒷산 약수터에 일주일에 3번 정도 간다고 가정하자. 가족이 아침잠에서 같이 일어나 약수터를 향하면서 나눴던 말, 약수터에 들어설 때 아침 공기가 주는 신선함, 간단하게 체조를 하며 가족 간의 건강 상태를 확인하는 분위기라면 가족 간의 관계 형성을 돈독하게 할 것이다. 더불어 아이들이 약수터에서 가족 간의 훈훈한 분위기를 직접 체험했다면 아이들 우뇌에 저장된다. 물론 책으로만 배워서 알게 된 약수터 산책의 이점도 있겠지만, 체험을 통해 우뇌에 저장된 아이의 정보는 좌뇌로 저장된 지식보다 훨씬 오래 남는다.

다시 책 읽는 활동으로 돌아가 보자. 아이에게 책을 읽어주고 난 뒤, '도끼가 몇 자루?'라는 질문에 목숨 걸지 말자. 책을 읽은 뒤 '너라면 어떻게 해결하겠니?'라고 아이에게 물었을 때 어른이 듣기에 금방 만족할 만한 대답을 하기란 흔치않다. 더군다나 이러한 훈련은 아이들에게 익숙하지도 않다. 왜 그럴까? 이제껏 받았던 훈련이 좌뇌 훈련을 받아 온 아이에게 갑자기 다른 유형의 질문을 퍼붓는다면 원하는 답을 얻는 건 무리다. 그렇기 때문에 부모들의 발문 형태를 바꾸어야 한다. 예를 들어 '엄마라면 이러저러한 일을 해볼 것 같아.', '너라면 어떻게 하겠니?'와 같이 물어 보는 것이다. 이런 발산적, 확산적 사고에는 정답이 없다. 한두 번 엄마와의 대화를 주고받다보면 바로 아이들도 정답 없는 확산적 사고를 하게 된다. 따라서 부모가 먼저 발문 형태를 바꾸면 자녀가 변한다. 부모가 먼저 고민해 본 뒤 아이와 상호작용을 해야 하는 것이다.

어떤 아버지는 딸아이에게 심청전을 읽어준 뒤, 딸의 질문에 같이 공동으로 문제를 해결했단다. 딸아이는 아버지와 심청전을 읽는 도중 '공양미 삼백석이라면 얼마 정도 인가요?'라고 질문했다. 아버지는 답을 찾기 위해 문헌을 찾았고, 그 결과 공양미 300석은 대략 540가마니이며 한 가마니에 20만원이면 대략 1억 원 정도라는 것을 알았다. 아버지의 눈을 뜰 수 있게 인당수에 빠진 딸의 목숨 값이 굳이 계산한다면 1억이었다. 이렇듯 딸에게 수학적 감각을 일깨워준 아버지의 행동은 미래지향적이라고 할 수 있다.

이번에는 다른 어머니의 사례를 들어보자. 아이가 숫자에 늘 관심을 갖고 질문을 하는 게 일상이라고 했다. 어머니가 《걸리버 여행기》에 나오는 소인국 사람들의 키가 6인치라고 하니 아이는 어느 정도로 작은 키인지 알고 싶어 했다. 어머니는 아이에게 '1인치는 2.5센티미터이니까 결국 15센티미터의 키를 가진 사람들이네. 그럼 걸리버 아저씨는 6피트라고 하면 약 180센티미터네. 1피트가 30.5센티미터이니까.' 이런 식의 얘기를 충분히 나눈 뒤에 아이는 뭔가 흡족해 하는 느낌이었다고 한다. 참으로 멋진 미래형 어머니다.

물론 책 자체에 많은 정보가 있겠지만 그 안에 숨어 있는 많은 암호를 풀면서 아이에게 수학적 감각을 일깨워 준다면 책의 재미를 한층 더 즐길 수 있게 된다. 이런 아이들은 논리적 사고와 직관력이 동시에 생기게 된다. 또한 책 속의 세상을 풍부하게 경험하며 좌뇌와 우뇌를 발달시킨다.

3장

나는
과연
어떤 부모일까?

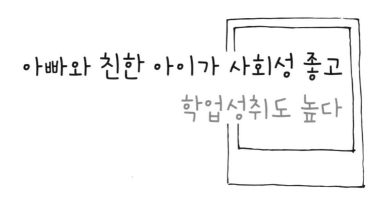

아빠와 친한 아이가 사회성 좋고 학업성취도 높다

 아이들은 보통 아빠보다 엄마와 가깝기 때문에 아빠를 '두 번째 양육자'로 생각하기 쉽다. TV 방송 프로그램인 〈아빠 어디가〉를 보면 아이가 아빠와 단둘이 여행을 가는 것은 엄마 없이 온전히 둘이서만 호흡하는 것을 뜻한다. 아이는 여행을 통해 아빠를 느끼는 범위를 확장하게 되고, 서로를 알아가는 좋은 시간을 보낼 수 있는 것이다.

미국에서 조사한 연구에 따르면, 아빠와 친한 아이들이 사회성도 좋고 학업 성취도도 높다는 결과가 나왔다. 초등학교 입학 전에 아빠와 자녀가 많이 여행을 다니는 것이 좋다. 여행을 다니면서 얘기를 나누고, 요리도 하면서 서로 상호작용을 하며 좋은 관계를 갖게 된다. 그러면서 아빠는 우리 아이가 뭘 좋아하는지 파악할 수 있고, 아이도 아빠를 느낄 기회를 가지며 더욱 친해질 수 있다.

아이가 '나의 이런 면은 아빠와 닮았구나. 나도 아마 이런 성향으로 흥미와 특기가 있지 않을까'를 생각하다 보면 결국 자신이 좋아하는 일을 찾는 데도 도움이 된다. 대학생이지만 '나는 뭘 하고 살아야 행복할까?'라고 고민하는 사람도 많지 않은가. 어릴 때 아이가 아빠와 많은 시간을 보내는 것은 이러한 고민의 범주를 좁혀주는 역할을 한다.

아버지의 잘못된
훈육의 실제

 어느 날, 아이 없이 아버지와 어머니만 상담실을 찾았다. 두 사람은 밝고 단정한 부부였는데 먼저 이야기를 꺼낸 쪽은 아버지였다. 두 사람에게는 25개월 된 아들이 있는데 맞벌이를 하고 있어서 아버지가 남자 아이와 적극적으로 놀아 준다고 했다. 아버지는 아들과 함께 하는 활동도 많았으며 잠을 재우는 일까지 담당하고 있었다. 우리나라 실정상 그렇게 아들과 놀 수 있는 아버지가 별로 없었기 때문에 얼핏 봐서는 아이와의 상호작용이 꽤 좋은 것으로 보였다. 그런데 상담을 요청 하게 된 이유는 아이가 아빠 눈을 보지 않는나는 것이다.

아이가 아버지와 많은 활동을 같이하는데 눈을 마주치지 않는다고 하니 나는 혹시 자폐아가 아닐까 하고 물어보았다. 아버지에게 몇 가지 증후를 물어보니 아이는 대답도 잘하고 말귀를 알아듣는 편이었다. 즉 수용 언어와 표현 언어에 별 무리가 없는 아이였다. 그러면 혹 유사자폐인가해서 TV를 많이 보느냐고 해도 그렇지 않다고 했다. 그런데 희한하게도 엄마는 줄곧 듣기만하고 아무런 질문이 없어보였다.

상담 중간에 남편은 애교 섞인 톤으로 아내에 대한 불만을 내게 해도 되냐고 해서 난 좋다고 했다. 아내의 표정을 살피니 그다지 곤란해 하지 않는다는 걸 직감적으로 느꼈기 때문이다. 남편과 아내가 서로의 흉을 보게 되더라도 상담자 앞이니까 대놓고 싸움까지 번지지 않는다. 오히려 서로에 대한 참마음을 이해할 수 있는 계기가 되기 때문이다.

아내는 회사에서 일을 마치고 집에 오면 먼저 저녁 준비를 한다고 했다. 이후 저녁 뒤에는 설거지를 하고 내일 아침에 먹을 것 준비한다. 대충이라도 집 안을 정리하며 다음 날 나갈 채비를 미리 하는 편이라서 아들과 놀아주는 일은 거의 불가능하다고 했다. 어쩌다 남편이 할 일이 있어서 엄마에게 아들과 놀아달라고 부탁을 하면, 엄마는 방에서 인터넷으로 회사 일을 하면서 아들 따로 엄마 따로 각자 일을 한다고 불평했다.

남편은 아내가 아이를 볼 때 결국 아이 혼자서 따로 블록놀이를 하게 되는 상황을 못마땅하게 여겼다. 그런 이유로 아버지는 집에서는 절대로 회사 일을 하지 않고, 아이와 적극적으로 놀아준다고 했다. 난 그 부분은 아버지가 잘한 일이라며 칭찬하였다. 그러나 아버지는 아들과 놀면서 아주 불가피하게 가끔은 훈육이라는 이름아래 아이에게 소리를 지른다고 고백했다. 그러나 아이에게 소리를 지르는 것은 훈육이 아니고 체벌이다.

상담 마무리 단계에서 훈육 얘기를 하면서 예전의 아들과 있었던 경험을 아버지로부터 들을 수 있었다. 8개월쯤 된 아들이 어떤 일을 반복적으로 하자, 그러지 말라고 주의를 주었지만, 말을 듣지 않았다. 그래서 아버지는 어느 날인가에는 작심을 하고 아들에게 쇼크 요법으로 인상에 남게 혼낼 작정을 했다.

그날은 아버지가 아이 얼굴을 아버지 양손으로 부여잡고 아들 눈을 응시하면서 "하지 마!"라고 아주 큰 소리로 말했다고 했다. 그때 이후로 아들은 아버지의 눈을 피했다고 했다. 바로 그때, 입을 굳게 다물던 아내도 사실이라고 말하면서 못내 못마땅한 느낌으로 시인하면서 눈가가 바로 촉촉해지는 것을 알 수 있었다. 그렇다! 사실 어떤 가정에서도 있을 수 있는 일이다. 그런데 이 경우는 엄마가 아들과 상호작용이 거의 없었던 터라 아버지와의 상호작용에서 얻는 공포와 두려움을 해소해 줄 어머니 역할이 없어 보였다.

나는 거의 2년간 눈 마주치기를 거부한 아이의 심정에 대해서 부모에게 충분히 설명해 주었다. 훈육의 이름으로 아이 얼굴 잡고 한 "하지 마!"라고 큰 소리로 말한 것은 옳지 않으며, 분명한 체벌이라는 것을 말이다. 소리 지르기 외에 다른 방법으로 아버지 밑에 주목 할 수 있는 방법을 함께 논의했다. 늘 같이 놀아주는 부모 쪽이 때때로 훈육을 더 담당하게 되어 있다. 따라서 아이에게는 같이 놀아주는 양육자가 늘 좋기도 하지만 무서운 존재일 수도 있다.

무슨 이유에서든지 아이가 누군가와 눈 마주치기를 피한다고 하는 것은 사실상 큰 사건이 있었기 때문에 언제부터 그런 행동을 하게 되었는지 알아내는 것이 중요하다. 그 당시 8개월 이후에 그런 행동을 했다면 혼자서 해결할 수 없는 일이므로 아이에게는 일종의 트라우마로 자리매김을 한 것이다.

아이가 이상 행동을 보이는 데에는 이유가 있다. 그 이유를 찾기 위해 부부가 나를 만나러 왔던 것이다. 사실상 아버지는 아들을 훈육하려고 공포심을 이용했는데 공포는 아주 오래전에 쓰던 옛날 교육 방식이다. 즉, '호랑이가 나온다', '순사가 잡아 간다', '애 좀 데려 가세요' 등 아이에게 공포심을 조장하는 방법이다. 이런 방법을 취했던 아버지의 훈육 방식은 임시방편으로 한번 무섭게 해서 그 문제 행동을 해결했을 수는 있을지언정 또 다른 문제행동으로 아이의 시선 피하기가 생겨난 것이다.

아이가 거의 2년 동안 부모와 시선을 마주치지 않아서 생기는 걱정거리로 상담이 이루어졌지만, 아이가 겪었을 내적 갈등을 생각해보면 마음이 불편했다. 지금이라도 아이 마음을 읽어서 그 생각과 마음을 헤아려 줄 수 있는 부모라면 문제 해결은 오히려 쉬워진다.

자녀 교육에 있어서 늦은 시기는 없다. 부모가 변하면 아이는 바로 변한다. 훈육을 한다고 하면서 아이 마음에 공포심을 갖게 한다면 부모라는 특권으로 아이를 힘들게 하는 결과를 불러일으킬 것이다.

부모가 자녀에게 공포심을 지속적으로 조장한다고 해서 아이들이 올바르게 행동하지 않는다. 이 경우도 여러 가지를 제시했다. 얼굴잡고 "안 돼!" 또는 "하지 마!"라고 하기 보다는 주위 환기 차원에서 손으로 책상을 세 번 두드리기를 한다든지, 아이 이름을 조용하고 나지막하게 부르는 게 좋다. 또 아이 얼굴을 무표정으로 응시를 하는 등 여러 가지 방법을 논의해 보았다. 이러한 여러 가지 방법들을 통해 아이들은 부모와의 사이에서 오고 갈수 있는 심리적 기술들을 배우게 되는 것이다.

아주 어린 아이들은 소리 지르기보다는 신체적 압박도 가능하다. 아이를 안고 다른 방으로 간다거나 간결한 메시지나 의성어로 두 손으로 가위표 모양을 보이는 방법, 입소리로 "스흡"이라고 경고음을 낼 수도 있다.

우스갯소리로 어떤 엄마는 딸아이가 말썽 피울 때마다 회초리를 들고 실제로는 때리지는 않지만 "맴매야 맴매" 하면서 통제를 했는데 어느 날인가는 딸 눈에 엄마 모습이 맴매감이였는지 바로 회초리 들고 엄마에게 맴매야 맴매했다는 얘기로 한바탕 웃기도 했다. 아이의 행동이 수정되길 진정으로 원한다면 먼저 부모가 하던 방법을 중지하고 다르게 해야 한다. 왜냐하면 원인 제공이 부모의 그릇된 방법이기 때문이다.

결론적으로 아이와 상호작용 속에서 부모가 아이에게 여러 가지 심리적 기술을 알려 주는 깃이 좋다. 그러면서 아이에게 자신의 감정 세계를 스스로 해결하는 도구가 생기는 것이다. 즉, 아버지로부터 아이의 이름 석

자가 호명된다는 것은 아이에게 뭔가를 수정해야 하는 일이 있다는 뜻으로 입력된다. 따라서 이러시부디 이이외 싱호긴의 심리적 소통을 했다면 도구가 입력된 아이의 모든 변화의 주인은 아이 자신이다.

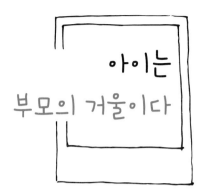

아이는
부모의 거울이다

 습관에 대한 이야기는 많다. 그래서 혹자는 습관이 행동을, 행동이 성격을, 성격이 결국 그 사람의 운명까지 만든다고 한다. 따라서 습관의 힘이 곧 그 사람의 운명이 된다. 프로이트 Sigmund Freud 는 우리의 삶을 습관덩어리로 말하고, 제임스 William James 는 인간 행위의 99퍼센트가 습관에서 나온다고 말했다.

부모가 뭔가를 의도적으로 자녀에게 행하는 것을 교육이라고 한다면 그 교육의 효율성을 생각할 때 반드시 뒤따르는 일이 훈육이다. 우리가 익히 알고 있는 좋은 습관은 두말할 필요 없이 좋은 훈육이 뒷받침되어야 가능하다. 여러 개의 좋은 습관이 그 개인을 바꾸며, 더 나아가 세상까지도 바꿀 수 있다. 우리에게 이미 설정된 좋은 습관들이 몸에 밸 때까지 지속하는 습관화 교육이 이루어지는 최초의 장소가 가정이며 습관화의 주체 행위자가 부모이다. 사실 부모가 자녀에게 물려줄 자산 1호가 습관이 되어야 한다. 예컨대, 식사습관, 운동습관, 독서습관, 감사습관, 청결습관, 칭찬습관, 배려습관 등등 열거하자면 많다.

그러나 잠시 생각해보자. 부모는 늦게 자고 늦게 일어나면서 아이에게 일찍 자고 일찍 일어나라고 말로 한다고 해서 아이가 잘 따라 할지가 의문이다. 결과는 그렇게 할 수가 없다. 왜냐하면 아이들은 부모를 보고 배우기 때문이다. 그래서 훈육보다 더 좋은 것은 모델링이 되는 것이며 말로서, 훈육으로서 하기보다 부모의 행동으로 묵묵히 보여 주는 것이 최고다. 정답은 이런데, 참으로 힘든 부모 역할 중에 하나이다. 그래서 문제아는 없고 문제 부모만 있다고 한다.

결국, 아이는 처음부터 될성부른 떡잎으로 태어나는 것이 아니라 아이를 크게 키워주는 부모만 존재한다고 말할 수 있다. 예컨대, 헨리 키신저 Henry Alfred Kissinger는 어릴 적 아버지를 회상할 때 늘 책을 들고 있는 모습으로 기억되어 아버지흉내로 책을 든 모습을 보이면서 책을 보는 흉내를 내다가 책을 좋아하게 되었다고 한다. 보는 대로 배우고 그것이 바로 습관화된 아주 좋은 예이다. 또 우리가 잘 알고 있는 벤자민 프랭클린 Benjamin Franklin은 자기가 갖고 싶었던 12가지 도덕적 덕목을 지정하고 그 덕목을 체크하는 작은 공책을 통해 매일 체크하면서 본인 스스로 "나는 생각했던 것보다 훨씬 결함투성이인 나 자신을 보고 놀랐다"고 고백했다. 그가 내건 12가지 덕목은 절제, 침묵, 질서, 결단, 절약, 근면, 진실, 정의, 중용, 청결, 평정, 순결이다. 습관화 교육이라고 한다면 그를 따를 자가 없다고 생각한다. 대부분은 결심이나 다짐과 맹세로 습관이 생긴다고 생각하지만, 그런 방법으로 좋은 습관을 얻을 수 없다는 사실을 그는 이미 알고 있었던 것이다. 즉, 공책이라는 시스템을 이용해서 습관의 변화를 반복적으로 관찰하면서 서서히 좋은 습관이 형성되도록 행동수정하고 반성하는 가운데 습관이 개조되고 변화되는 것이다. 수없이 많은 시행착오를 통해 같은 행동을 자주하게 되면서 어느덧 좋은 습관이 중독된다면 그때부터는 그는 성공으로 가는 길이 된다.

그 한 예로 에디슨의 이야기를 살펴보자. 그는 늘 실험하고 탐구하는 좋은 습관으로 달리는 열차안에서 실험하다가 불이 나서 거의 죽을 뻔 했지만, 그 뒤 청각장애가 된 에디슨은 결국 발명왕소리를 듣기까지 실험중독자라고 할 수 있다. 그는 스스로 청각장애를 큰 자산이라 했다. 왜냐하면 이전보다 덜 산만해지고, 잡음통제가 더 용이해졌으며, 잠도 깊게 잘 수가 있어서 새로운 도전의 기회로 삼았다고 한다.

사실 그는 학교공부는 단지 3개월뿐이고 엄마 낸시가 에디슨을 집에서 가르쳤으며, 배운 지식을 검증하는 과정에서 지하실을 에디슨의 실험실로 쓰게 되면서 매사 실험하는 습관을 갖게 되었다. 그가 발명왕 소리를 듣고 유명해 지자, 기자가 와서 인터뷰한 내용이 재미있다. 어느 대학에서 어떤 교수의 가르침을 받았느냐는 질문에 주저함 없이 우리 집 지하실이 대학이고 엄마 낸시가 교수라고 말했다는 일화나.

한편, 사생아로 태어난 오프라 윈프리도 매일 감사일기로 감사거리 다섯 가지를 애써 찾아서 적기 시작하면서 서서히 삶을 보는 견해가 달라졌다고 회고했다. 그녀는 어릴 적 1주일에 한 권 정도의 책을 읽는 좋은 습관을 아버지로부터 받았다고 회상하면서 책읽기를 좋아하는 그녀는 오프라 북클럽을 통해 30권이상의 베스트셀러를 탄생시키는 오프라 현상까지도 만들게 되었다. 즉, 감사일기와 독서습관이 생활화되면서 그녀의 운명을 바꿔놓기 시작했다.

연습을 생활화하고 그것이 습관이 되어 우리에게 성공한 사람의 모습을 보인 사람을 주변에서 찾기란 쉽지 않지만 우리나라의 경우 이충희 농구선수는 학창시절 하루에 천개의 슛을 던졌다고 한다. 그래서 그 당시 그는 눈감고 슛을 해도 골인이 되었다고 한다. 연습이 기적을 낳은 것이다.

박세리 골프 선수도 연습 왕으로 유명하다. 그녀의 골프 연습은 곧 생활이며 결국 성공의 삶을 가져다 준 원동력이고 전부가 된 것이다. 전 세계의 이목을 사로잡는 김연아도 점프동작 하나를 완벽하게 완성하는데 1만 번이 넘는 연습을 했다고 한다. 그 역시 연습을 습관화해서 성공의 상징이 되었다. 그녀를 대상으로 한 광고를 볼 때마다 그 상품이 단단하고 견고할 것 같은 막연한 기대를 갖게 되는 것 또한 사실이다.

'가정은 최초의 사회이고, 부모는 최초의 교사다'라는 말처럼 부모는 아이의 발달에 지속적이고 절대적인 영향을 미친다. 아이는 부모의 행동을 보고 배워서 그대로 따라한다. 그래서 아이를 부모의 거울이라고도 한다. 아이의 모습으로 부모를 예측하기 쉬운 것은 어려서부터 부모가 보여주는 대로 배우고 자라면서 가랑비에 옷 젖듯이 서서히 닮아왔기 때문이다.

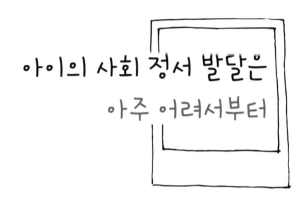

아이의 사회 정서 발달은 아주 어려서부터

    5세 이전의 아이는 어른들이 알아들을 수 있게 말을 상세하게 표현하지 못한다. 그래서 울음으로 모든 걸 표현하는데, 엄마가 이 '울음'을 잘 파악해야 한다.

아이가 우는 이유가 배고파서인지, 배는 부른데 밑이 축축해서인지, 아니면 졸리는데 주위가 시끄러워서 우는 건지 그때그때 엄마가 제대로 알아차리고 대처를 잘 해줘야 한다. 또한 이 시기에 부모가 최대한 많은 시간을 할애해서 아이와 충분한 스킨십을 하고 대화도 많이 해야만 아이가 자신을 사랑받는 존재로 인식하고 정서적 안정감을 얻을 수 있다. 반대로 그렇지 못한 경우의 아이는 불신감과 두려움을 키워서 부정적인 자아를 형성하게 된다.

그런데 요새는 생후 3개월만 돼도 자신의 직업 때문에 아이를 시설에 보내는 부모가 많다. 이건 아이에게 너무 가혹한 결정이다. 충분한 기간 엄마의 손에서 길러지지 못한 아이는 애착 장애가 생기기 쉽다. 누군가에게 '애착'한다는 것은 그 사람을 따라다니며 추종하면서 그 사람이 없으면 울기도 하는데, 앞서 말한 것처럼 엄마가 아이의 울음을 잘 파악하고 제대로 처리해주면 아이는 엄마와 결속이 잘 되어 정상적인 애착 관계가 형성된다.

반대로 애착 장애가 나타나면 사회성과 정서적인 면에 문제가 생기는데, 나이가 들어 결혼을 못 하는 사람을 역추적해보면 어릴 때 애착 관계에 문제가 있었던 경우가 많다. 어려서부터 엄마가 아니라 낯선 아줌마, 유치원 선생님 등 여러 양육자에 의해서 길러지면서 한 번도 특정한 사람과 긴밀한 관계를 맺은 적이 없는, 즉 애착에 문제가 있는 사람이 누군가와 가까워지는 걸 두려워할 수도 있게 되는 것이다.

그리고 어린아이 중 낯선 사람에게 잘 다가가 웃고, 엄마가 혼자 자리를 떠도 울지 않는 아이는 애착 형성이 불안정한 아이다. 지하철에서 아무에게나 말을 거는 어린아이가 붙임성 있는 아이로 보이지만, 사실은 부모와 결속이 되지 못한 채 사람들과 피상적인 관계만 형성된 상태인 것이다. 엄마와 결속이 잘 된 아이는 오히려 누가 "까꿍" 해도 고개를 돌리고 흥, "사탕 줄게" 해도 외면한다.

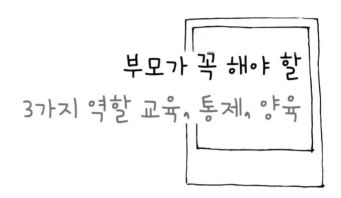

 교육:
사랑과 인내심을 가지고 기다려주기

부모는 아이를 이리저리 편한 대로 끌고 다니려고 애쓰지 말아야 한다. 어디로 튈지 모르는 럭비공 같은 아이를 뒤에서 밀어주며 참을성 있게 지켜봐야 한다. 초등학교에 입학하기도 전에 영어, 수학, 미술, 등을 아이에게 쉼 없이 가르치고 자극을 주는 것 자체가 잘못된 교육의 시작이다.

아이는 유치원이나 학원이 아닌, 부모의 손에서 커야 한다. 적어도 6세까지는 부모가 돌봐줘야 한다. 그런데 요즘 엄마들은 아이를 다른 시설에 보내놓고 자기 일을 하려고 하니까 문제가 생기는 것이다. 부모가 제대로 역할을 해주지 않으면 내 아이도 아니고 네 아이도 아닌 이상한 아이가 돼버린다.

스웨덴에서는 8세 전까지는 부모가 아이를 키울 수 있게 국가에서 장려해준다. 부모가 출근하지 않아도 수당의 75퍼센트가 지급되는 것이다. 그래서 어떤 집은 엄마가 4년, 아빠가 4년 동안 아이를 키우기도 한다. 지금우리나라에서 이것까지 바라지는 않아도, 최소한 유치원에 가기 전까지라도 부모 손에서 자랄 수 있게 해줘야 한다.

부디 우리나라의 젊은이들이 이런 의식을 확실히 가지고 있었으면 한다. 빨리 집을 사는 것이 중요한 게 아니다. 집은 돈이 있으면 아무 때나 살 수 있지만, 아이는 아무 때나 키워지지 않는다. 고등학생이 된 아이에게 "엄마가 2살 때부터 너를 잘못 키웠는데 다시 2살로 돌아가자"고 할 수 없는 노릇 아닌가. 그러니 아이가 어릴 때 부모가 아이한테 기를 모아주고 공들여 틀을 만들어주는 '기초공사'를 탄탄히 해야 한다.

자신의 아이가 뒤떨어질까봐 조급해할 것 없다. 아이가 어릴 땐 놀고 싶은 대로 충분히 놀게 하고, 초등학교에 입학한 후에는 친구 관계에 신경 써주면 4학년 이후로는 아이 혼자 알아서 잘 공부한다.

그 전에 부모들이 아이를 끌고 다니며 이것저것 가르치려 들면 어떻게될까? 아이의 두뇌는 아직 준비가 안 된 상태이기 때문에 과부하에 걸려두뇌의 해마 세포가 망가지고 만다. 요즘 정신과에 가는 아이가 많은 것도 그런 이유가 있기 때문이다.

절대 서두르지 말고, 아이를 끌고 가려고 하지 말라. 그저 아이가 해달라고 할 때까지 기다리며 하고자 할 때 살며시 뒤에서 밀어주자.

통제:
아이와 규칙을 만든 뒤 논리적 귀결 경험 시키기

요새 젊은 엄마들은 아이를 혼내면 기가 죽는다고 아무런 통제 없이 그저 내버려 둔다. 그러나 이러한 엄마의 행동이 아이를 더 혼란스럽게 만들 수 있다.

예를 들어 엄마의 지갑이 있는데, 아이는 이 지갑에서 동전을 바닥에 쏟아놓고 재미있게 놀 수도 있다. 그런데 엄마를 따라 반상회에 가서 옆집 아줌마의 지갑을 열어 똑같은 행동을 한다면 어떻게 해야 할까?

아이가 2~4세 정도일 때부터 "네 것이 아니면 손대지 말라"는 O·×를 확실히 해줘야 한다. 말 이전에 표정에서부터, 그리고 "이 지갑은 엄마 것이고, 넌 엄마 것을 맘대로 열 수 없어. 네가 열 수 있는 것은 네 지갑밖엔 없어. 엄마 것, 아빠 것, 803호 아줌마 것도 안 되는 거야"라고 엄중하게 가르쳐야 한다. 그런데 요새는 아이가 해달라는 대로 오냐, 오냐 다 해주니까 아이는 뭐는 해도 되고 뭐는 하면 안 되는 행동인지를 배우지 못하는 것이다.

아이를 낳으면 사랑으로 키운다고 하는데 아이를 제대로 키우려면 그 방법을 제대로 알아야 한다. 아이가 말을 안 듣는다 해도 체벌은 절대 안 되고, 때리지 않고 엄중히 말하는 법을 부모가 배워야 한다. 아이와 약속하는 법, 그리고 아이가 규칙을 어겼을 때는 불이익을 겪게 하여 '논리적 귀결'을 경험하도록 해야 한다.

예를 들어 아이가 모자를 던져서 동생을 부르는 못된 버릇이 있다면, "앞으로 네가 똑같은 행동을 하면 스티커를 2개씩 붙일 거야. 스티커가 6개가 되면 넌 이틀 동안 네가 좋아하는 초콜릿을 먹을 수 없어"라고 아이와 약속을 한다. 이후에 아이가 같은 행동을 반복했을 때 "넌 엄마와의 약속을 어겼으니까 이제 초콜릿을 못 먹어"라고 하면 아이들은 자신이 좋아하는 초콜릿을 못 먹는 것에 마음 아파한다. 그리고 다음부터 아이는 그런 행동을 하지 않도록 노력한다. 이러한 방법은 약속을 지키지 않아 불이익을 받게 되면서 자신의 책임이라는 것을 아이에게 일깨워준다. 이렇게 아이가 논리적 귀결을 경험하도록 해줘야지, '이거 안 되겠다. 저 버릇 고쳐야지' 할 때마다 어떻게 아이를 때리고 벌줄 것인가? 아이를 때리지 않고서 충분히 통제할 수 있다.

아무런 규칙도 없이 "그러지 마!"라고 하면 아이들은 그 말을 듣지 않는다. 대학생들도 수업에 규칙이 있지 않은가. '3번 지각에 1번 결석, 그리고 4번 결석은 F 학점'이라는 규칙이 있기에 학생들이 수업시간에 맞춰서 오고, 자기 규제를 한다. 이렇듯 교육받는다는 것은 자기를 규제하며 책임감이 생기는 것을 뜻한다. 아이와 규칙을 만들어서 아이가 그 규칙을 지킬 수 있도록 하는 것이 중요하다. 이렇게 논리적 귀결을 경험하고, 불이익을 경험하면서 사회화된 아이는 자기가 어떤 행동을 해야 적절한지 알게 된다. 몽둥이를 들고 협박하며 "경찰 아저씨 온다!"고 하면서 아이에게 공포감을 주어 통제할 것이 아니라 아이의 나이 수준에 맞게 부모가 ○·×를 분명히 해줌으로써 통제가 이루어 지는 것이다.

양육:
엄마 아빠 역할을 적절하게 나누기

인간을 형성하는 두 축으로 하나는 사랑과 또 다른 하나는 통제라고 한다. 아이가 아프면 꿀물을 타주고, 맛있는 음식을 만들어주는 등 엄마가 하는 모든 행위를 사랑이라는 이름으로 한 축을 담당한다면 아빠는 아이가 해서는 안 되는 일을 일러준다거나, 아이의 지적 호기심을 충족시켜주는 것 등을 담당하는 통제, 질서, 공의로움, 지적 호기심의 대상으로 또 다른 한축을 맡게 된다.

어떤 집에서 예를 들어 어머니, 아버지 모두가 자녀를 사랑만 한다고 가정해 보자. 그 집 아이는 'No'도 없고 아무런 통제를 받은 적이 없는데 밖에 나가서 누구 말을 듣겠는가. 반대로 부모가 둘 다 통제만 하면 그건 따뜻한 사랑을 못 느끼게 하는 가정이다. 이런 곳에서는 아이가 스스로 집을 거부하며 나올 수도 있다. 만약 엄마가 정의로운 경우 통제를 맡는다면 아빠는 사랑을 주는 역할을 맡아도 된다. 두 가지가 적절히 융합되어 때로는 통제를 때로는 사랑을 하면서 한쪽으로 치우치지 않도록 노력을 해야 한다. 그러나 요즘 신세대 예비부모들은 이런 각자의 역할을 알고 있는지 모르는지 답답하다. 그들은 마치 "아이들은 학원을 보내거나 과외를 시키면 다 되는 거 아닌가요?"라고 생각한다면 큰 오산이며 아주 중요한 것을 놓치게 된다.

일단 출산할 때부터 부부가 함께 계획을 세우는 것이 필요하다. 만약 겨울에 출산을 계획하고 있다면 부부가 대화를 통해 "합방을 1, 2월쯤 해서 11, 12월에 아이를 낳자. 아이를 낳으면 당신이 휴가를 먼저 받고 나는 1년 휴직을 하고⋯⋯." 이러한 것을 계획한 후 아이를 기다려야 할 것이다. 아이가 세상에 나오면 육아 관련 책을 보며 미리 공부해 두어야 한다. "아기가 옹알이를 6개월부터 하는구나. 이때부터 상호작용을 해줘야 아이의 언어발달이 빠르구나!"라는 걸 부모가 미리 알아야 한다. 아기의 옹알이 시기를 다 놓친 뒤에 '그게 언젠지 몰랐다'고 한다면 아기의 발달이 늦어졌을 때, 무관심한 부모로 비춰질 수 있다.

이후 자녀가 자라기 시작함에 따라 아이의 발달 과정을 미리 공부해 둔다. 아이에게 책을 읽어주는 일도 부부가 사이좋게 나눠서 담당하도록 한다. 여기서 중요한 건 부모가 '미리미리' 알고, 찾아보고, 관심을 가지고 공부해야 한다는 것이다. 아이는 엄마 혼자서 키우는 것이 아니라 아빠의 역할도 매우 중요하다는 것 또한 잊어서는 안 된다. 즉 준비된 부모만이 부모의 역할을 제대로 할 수 있으며 후회하는 일을 줄일 수 있다.

반응적인
아버지란?

대중매체를 통해 보면 아버지의 모습이 시대 흐름에 따라 변하는 것을 알 수 있다. 초기에 아버지의 가부장적이며 엄격한 아버지 위상은 대단했다. 거의 절대자 같은 신적인 존재로 아버지의 파워와 위상은 고대에서 중세까지 이어진다. 즉 모든 권력이 아버지에게 집중된 가족 구조이다. 그 뒤 산업사회로 직업과 가정이 분리되면서 아버지 역할이 약화되고 상대적으로 어머니 역할이 부각되었다.

아버지는 일터에서 어머니는 가정에서 육아와 가사를 책임지는 구조로 결국 아버지는 가정의 일을 한정적으로밖에 공유할 수 없는 고독한 아버지상으로 전락했다. 당시에는 육아에서 모성 찬양으로 어머니 역할이 강화되었기 때문에 모든 교육 임무가 사실상 아버지에서 어머니로 위임 될 수밖에 없는 상황이었다.

존 보울비John Bowlby는 그 당시 아버지의 모습을 이렇게 말했다. 아버지는 어린 아이의 성장발달에 직접적으로는 아무런 의미도 지니지 못한다. 간접적이나마 의미를 가진다면 그것은 경제적 안정의 확보, 어머니의 정서적 지원을 통해서나 가능하다고 했다. 아이에게 신뢰감을 줄 수 있는 사람이 어머니라고 믿었던 그 당시는 어머니는 감성적 역할을, 아버지는 도구적 역할을 한다고 믿었다. 즉 예전과 비교한다면 아버지는 핵심에서 밀려난 권위이고 단지 일이나 집안 경제를 책임을 지는, 인간발달에 있어 제일 중요한 유아 발달초기에는 보이지 않는 존재라고 표현했다.

60년대 이후, 모성찬양과 여성의 사회진출이라는 이율배반적 상황이 나타나면서 가정에서 아버지 역할이 재조명되기 시작했다. 부성상실을 개탄하고 잃어버린 아버지상을 찾는 일이 서서히 일기 시작한 것이다.

우리나라의 경우는 90년대 말에 정리해고 당한 어깨처진 고개 숙인 아버지상이 나타났다. 그러다 요즘은 맞벌이로 아버지의 개입이나 참여가 없이는 가정 운영이 어렵게 되었다. 그렇다면 현재 이상적인 아버지상은 무엇일까?

'반응적인 아버지상'이라고 할 수 있는데, 어떤 모습으로 아버지상을 만들어가야 하는가가 중요한 일이다. 예전의 엄격하고 강하기만 한 아버지의 모습에서는 부드럽고 따뜻함이 결여되어 있었다. 그래서 자상하게 가족을 잘 보살핀다는 느낌을 찾을 수가 없었다.

요즘의 TV에 나오는 아버지상은 거의 딸 바보 같다는 느낌이 강하다. 즉 부권상실로 보여 지는 것이다. 예전에는 사회가 남성을 이윤 전쟁의 전사로 여겼다. 그렇기 때문에 남성은 세계에서 돈을 벌 수 있는 유일한 사회적 노동력으로 보았다. 그래서 남성의 고독은 그 당시는 성공의 대가이며, 그들의 운명으로 받아들이면서 고독한 아버지가 곧 남성다움으로 이해되었다. 이런 남성다움의 신화가 바뀌지 않는 한 고독한 아버지상에서 스스로 벗어나기 어려울 것이다.

한편 부성상실을 개탄하며 아버지상이 회복해야 한다는 주장이 하나 둘 생겨났다. 이때 아버지용 육아서적 책 표지에는 "끊임없는 사회경쟁 속에서 무방비 상태로 노출된 채 남편들은 아내에게 비난받고 아이들에게 존중받지 못하는 현대 아버지들에게 이 책을 바친다"라고 해서 새로운 아버지상의 움직임의 시작으로 충분했다. 이러한 정황들을 살펴봤을 때 가부장적인 아버지들이 그동안 얼마나 힘들었을까하는 생각이 문득 들기도 한다. 남성 스스로가 가부장제에서 극복하지 않고는 점점 살아남기가 어려운 지경이 된 것이다.

그러나 세상은 늘 변화를 요구한다. 그렇다! 좋은 아버지가 되려는 사람들의 모임이 여기저기서 생겨나기 시작한 것이다. 이들의 시작은 이렇다. 아버지의 존재를 단지 돈 버는 사람으로만 생각하는 것은 옳지 않다는 것이 출발점이다. 즉 '아버지 자리 되찾기' 같은 운동이다. 이런 모임에서 몇몇 아버지들은 이렇게 회고한다. 가정을 이루고 아이들을 양육하면서 나의 생활을 더 진지하게 살게 되었다고 피력한다. 또한 아이들을 통해 항상 자신을 비추는 거울 같다고 말하며 삶 속에서 아이들이 오히려 자신들을 지켜주었다고 한다.

그렇다면 이상적인 아버지상으로 반응적 아버지이란 구체적으로 어떤 것일까? 첫째, 자녀 양육에 적극 참여하여 자녀와의 관계를 향상시키는 일이다. 요즘에는 아버지 참여 수업 등으로 아이가 수업하는 모습을 보며 아이의 성장과정을 알 수 있는 프로그램이 있으니 열심히 참여해 보도록 하자. 아이들은 아버지가 이미 교실에 와 있는 그 자체로도 기분이 좋아진다.

둘째, 아내의 일에 대한 이해, 감사, 존중을 통해 부부간의 결속력을 강화한다. 공동 양육 책임자로서 아내의 회사 일이 복잡해져서 가정 일에 집중을 못하게 될지라도 이해해주는 남편이 된다면 아이 양육을 통해 둘 간의 관계가 더욱 돈독해진다.

셋째, 개방적인 의사소통으로 가족원들과 함께하는 활동을 늘리고 가족관계 및 가족 역량을 향상시킨다. 가족원들과 회의를 통해 가족활동을 만들고 개개인들과의 의견수렴을 통해서 가족활동들을 결정한다면 가족 간에 화합과 응집력이 보장된다.

넷째, 대화법 등 아버지 역할을 위한 실천적 지식과 기술을 습득한다. 아버지와 대화는 이미 강 건너 남의 일이며, 일방적인 지시나 설명 외에

버럭 소리 지르는 아버지보다는 '나 전달법'을 통해 상대방을 비난하지 않으면서 불편한 내 입장을 말하는 아버지라면 가족 간의 대화만으로도 문제를 해결 할 수 있다.

다섯째, 현대사회에 적절한 긍정적 훈육자로서의 아버지 역할이다. 소리를 지르거나 체벌이 아닌 말로서 다스리는 훈육을 통해 가정 내 폭력이 아닌 말의 위엄을 느끼게 하는 최초의 사람이자 최선의 훈육자가 되어야 한다.

마지막으로 아버지들의 온라인, 오프라인의 네트워킹 형성을 격려한다. 육아에 정답은 없다. 그래서 네트워킹 상으로 서로의 고민을 나누고, 사소한 일에도 도움을 받을 수 있다. 반응적인 아버지상으로 아이와 상호작용을 잘하는 사람은 아버지로서 역할에 자신감을 갖고 존중받게 된다.

어떤 아버지는 이렇게 회상한다. 그는 어린 시절 자신의 아버지와의 관계를 점검하면서 현재의 자신을 이해하게 되었다고 한다. 아버지를 이해하고 수용하게 되면서 아버지의 좋은 점은 적극적으로 받아들였고, 나쁜 점은 극복하고 뛰어넘을 수 있게 되니까 아버지로서의 힘과 능력을 기르게 되었단다. 결국 과거의 아버지로부터 받은 상처를 극복하면서 아버지 역할에 자신감을 갖게 된 것이다.

엄마표 교육의 중요성

 일반적으로 엄마가 주로 자녀를 양육하고 교육하지만, 요즘은 정부가 엄마 대신 자녀 양육을 맡아서 한다는 느낌이 들 때가 있다. 이런 시기에 '엄마표 교육'이란 말은 정겨우면서도 새삼스럽고, 조금은 낯설다. 그러나 한 번쯤은 누군가가 엄마표 교육의 중요성을 강조하는 것이 시의적절하다고 생각한다.

요즘 청년들 사이에서는 3포 시대니, 5포 시대니, 7포 시대라는 말이 유행이다. 이런 말들 앞에서 새내기 엄마들은 '내 아이를 미래 인력으로 잘 키우려면 부모로서 나는 어떤 방향성을 가지고 무엇을 해야 할까?'하는 고심하게 된다.

자녀는 7세까지 생애초기 경험을 가정에서 부모와 함께 한다. 자녀는 매일의 일상생활에서 여러 놀이를 통해 세상을 배우고 알아간다. 그래서 고대 학자들은 아이가 어렸을 때 노는 모습을 보면 그 아이의 장래를 예측할 수 있는 단서가 된다고 하였다. 이 시기의 엄마표 교육이 중요한 이유가 바로 여기에 있다.

그런데 현실은 다르다. 이론과 실제가 다른 것처럼, 요즘 엄마들은 본인의 일을 열심히 하면서 동시에 아이에게도 최선을 다하려는 욕구가 강하다. 그러나 현실적으로 두 마리 토끼를 다 잡을 수 없게 되자 엄마표 교육은 뒤로 빠지고 우선 본인의 일을 위주로 하면서 자녀와 놀아주고 상호 작용하는 일은 잉여 시간에 하는 경향이 있다. 학령 전 시기에 자녀는 엄마와 함께 활동하고 경험하면서 엄마를 느끼고 알아가며 닮아간다. 또한, 가정 안에서 놀이를 통해 생활규칙을 익히고 자신도 모르는 사이에 여러 습관들이 만들어진다. 물론, 이 시기에 형성된 좋은 습관과 나쁜 습관은 훗날 한 사람의 성격을 형성하는 데 기여한다.

예전에 한 번 상담을 받고, 2주일 후에 와서 연속해서 상담을 받은 엄마가 있었다. 그 엄마는 큰딸이 10개월 무렵에 다시 일할 수 있는 기회가 있어 아이를 어린이집에 맡기고 직장생활을 시작했다. 그때부터 딸아이가 아랫입술을 빠는 모습을 보여, 2년 정도 직장생활을 하다가 그만두고 다시 집에서 아이를 돌보기 시작했다. 아이 엄마는 아이의 입술 빠는 행동을 고치기 힘들어 상담을 청했는데, 나는 아이 엄마에게 아이와 적극적으로 놀아주며 상호작용을 하라고 조언했다. 예를 들어 아이와 친밀감을 높일 수 있는 신문지 찢기 놀이, 온몸에 물감 바르기, 로션 바르고 서로 스킨십 하는 놀이 등의 치료법을 알려주었다.

상담 시간에 다시 만난 엄마는 아이가 조금씩 좋아지는 것 같지만 자기도 모르게 입술을 빨고 있는 모습을 보면 안쓰럽다고 했다. 엄마는 그동안 아이에게 인식의 변화를 시켜주기 위해 입술을 빠는 공주는 멋진 왕자를 못 만나게 된다는 내용으로 동화책 하나를 각색하여 매일 구연으로 이야기를 들려주고 있다고 했다. 그러자 딸아이는 자신도 멋진 왕자와 어울리는 공주가 되기 위해 입술을 빨지 않겠다고 결심했다고 했다. 엄마가 열심히 노력하는 모습을 보면서 나쁜 습관을 원래대로 되돌리는 일이 얼마나 어려운지를 새삼 깨달았다. 그래서 '치료보다는 예방'이라고들 말하는 게 아닐까.

맨 처음 입술을 빨았던 10개월 무렵 딸아이는 엄마의 부재로 인해 쓸쓸함을 해결하기 위해 입술을 빨면서 스스로 위로했다고 할 수 있다. 그런 방어기제가 지금 만 4세가 된 아이에게도 적용되고 있다. 엄마가 동생 때문에 자신에게 소홀하거나 엄마와의 상호작용이 적어 심심하다고 느낄 때마다 입술을 빨면서 스스로 위로하는 것이다. 그 엄마는 아이가 입술 빠는 습관을 끝내 못 고칠 것 같다고 걱정했다.

소아정신과에서는 무언가를 고치겠다고 아이에 집중하지 말라고 조언한다. 고쳐지기보다는 오히려 서로간의 신경전으로 또 다른 문제가 만들어진다는 것이다.

습관이 행동을 만들고, 행동은 성격을 만든다. 성격은 한 사람이 운명을 좌우하기도 한다. 어렸을 때 엄마표 교육이 얼마나 중요한지는 문제가 생기기 전까지는 눈에 띄게 드러나는 것이 없어 잘 모른다. 그래도 엄마 눈에 거슬리는 옳지 않은 습관은 형성되지 않도록 해야 하며, 이미 형성된 나쁜 습관은 적극적으로 개입해서 점진적으로 바른 습관으로 이끌어 주어야 한다.

세 살 버릇 여든까지 간다는 속담이 있다. 어려서 좋은 습관을 들이면 평생 좋은 습관이 되고, 나쁜 습관을 들이면 평생 나쁜 습관이 따라다닌다는 말이다. 좋은 습관은 롤 모델을 통해 저절로 체득되는 것이 가장 쉽고, 가장 강력한 힘을 발휘한다. 예컨대, 욕하는 엄마 밑에서 자란 아이는 욕 잘하는 아이가 된다. 엄마의 언어 모델을 그대로 답습하기 때문이다.

4장

눈높이 육아로
아이와 부모 모두가
스트레스 프리!

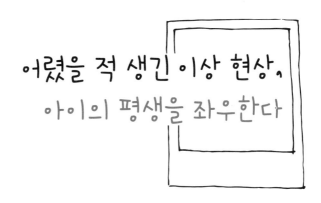

어렸을 적 생긴 이상 현상, 아이의 평생을 좌우한다

부모로서 자녀를 잘 키우는 일이 그리 쉬운 과제는 아니다. 아이의 사랑이 대단했던 부모라도 아이를 키우면서 고통과 좌절을 맛보곤 한다. 심한 경우 뜻대로 되지 않은 자녀 교육에 절망하며 어떤 부모는 우울증으로 치료를 받기도 한다. 또 첫 아이의 경험으로 둘째는 수월하다는 부모와 아들 둘은 딸 둘 키우기보다 더 어렵다는 등 여러 많은 경우의 수가 있다. 그러나 자녀 교육에는 정답이 없다.

내게 상담을 받는 부모님들 중에는 우스갯소리로 자녀를 단번에 교육할 수 있는 요술봉이 있었으면 좋겠다고 말하는 분이 계셨다. 아이의 문제행동을 고치고 싶은 심정은 십분 이해하나 그런 일은 현실적으로 불가능한 일이다.

육아란 부모가 매 순간마다 아이와 부딪히면서 아이의 감정과 생각을 현실적으로 직시하게 되는 과정이다. 이 과정을 즐길 수 없는 부모라면 사실상 육아는 전쟁 같은 상황으로 여겨질 것이다.

부모는 아이와 부딪혔던 기회들이 모여지면서 서서히 아이를 이해한다. 때로는 아이 곁에서 실질적인 조력자 역할을 하면서 말이다. 이뿐만 아니라 부모는 아이의 상담자, 치료사, 가정교사 등의 다양한 역할을 하면서 아이와 상호 작용을 이어나간다. 이때 아이 스스로가 자제력을 갖게 되는데, 본인의 감정과 사고를 조절할 수 있는 기술과 전략을 어려서부터 획득하게 된다. 이때 아이는 부모로부터 안내와 학습을 배우게 되고, 이 과정을 거치면서 아이는 자제력이라는 좋은 습관을 갖게 된다. 그렇기 때문에 어려서부터 아이에게 좋은 습관을 심어주려면 사실상 부모의 습관과 마음가짐이 미리 준비되어 있어야 가능하다.

간혹 부모들 중에는 자녀의 문제행동을 2년 이상 지속해 오다가 상담을 하는 경우가 있다. 이러한 사례는 참으로 답답한 상황이다. 아이의 문제행동을 고치기 위한 노력이 몇 배나 더 힘이 들기 때문이다. 요즘 맞벌이하는 부모들의 상담이 위의 상황과 무관하지 않다. 아이의 문제행동을 해결을 위해서 노력하기보다는 그 이전에 미리 했어야 하는 일들을 다 놓치고 나중에 치료를 하는 경우가 많기 때문이다. 비용적인 문제보다 아이가 힘들고 하고, 일하는 부모들에게도 집중이 안 되며, 아이의 치료를 위해 또 다른 질적인 시간을 들여야지만 가능한 일이다.

통상적으로 좋은 습관은 훈육의 연속에서 만들어진다. 훈육의 어원은 'discipline'인데 그 의미는 '관계를 가르치다'라는 뜻이 있다. 결국 아이가 자신의 역량과 기술을 연마하기 위해 어느 정도까지는 부모의 말에 복종한다는 의미다. 따라서 아이가 어려서부터 자신의 사고나 감정을 어떻게 인지하고 있으며 그것을 어떻게 스스로 관리할 것인지를 부모가 친절하게 가르치고 일정기간 지켜봐준다면 지금 고민하는 문제행동의 대부분은 해결될 것이다. 대부분의 경우는 아이가 여러 가지 치료를 전전하고 나서야 부모가 잘못된 육아에 대해 후회하고 어찌할 바를 모르는 모습이 나를 더욱 안타깝게 한다.

어떤 엄마는 아이가 언제 홀로서기가 가능한지 노트에 적어 다니면서 묻는다고 했다. 육아를 즐기는 사람이 아니고 육아전쟁 통에서 빠져 나올 궁리를 하는 사람처럼 보였다. 요즘에는 아이가 어려서부터 홀로서기를 해야 한다고 생각하는 부모들이 의외로 많다. 한참 엄마와 애착이 이루어져야 하는 시기(3세까지)에 아이들은 엄마에 의해 홀로서기 연습을 강요받는다. 부모의 각본과 계획대로 마구잡이로 강행하는 학습이나 공부가 아이에게 스트레스를 주기 때문에 유아기 때부터 훼손된 아이들이 많아지고 있다.

예컨대, 6개월부터 한글을 시작한나년시, 8개월부터는 영재원에 가서 플래시 카드로 영어와 한글을 번갈아가며 보여준다. 12개월부터는 문화

센터에 여러 개 등록을 해서 본격적으로 다른 아이와 비교하기 목적으로 놀이라는 이름의 학습을 시작하는 부모는 의외로 많다. 그러다가 4세 이후부터는 이것저것 많은 학원을 다니는 아이들에게서 나타나는 불안 증세나 스트레스를 해소해 주려고 일주일에 한 번 정도는 방송 댄스 학원에 보낸다며 자랑하듯 말하는 엄마의 모습을 보면서 우리나라 교육의 현주소가 씁쓸한 현실임을 알게 되었다.

이뿐인가? 위와 같은 사례를 나열하자면 너무도 많다. 이 모든 것이 눈높이 교육에 위배되는 일이며, 결코 아이에게 좋은 경험이 아니다. 아이가 어렸을 때부터 과잉 조기교육을 받으면 많은 부작용이 생긴다. 왜냐하면 서둘러서 홀로서기에 앞장을 서게 된 아이들은 현실적으로 놀 시간 없다. 그렇기 때문에 학원을 전전하며 학습지만 풀다가 공부의 즐거움보다는 싫증을 먼저 느끼게 된다. 결국 아이가 학교에서 열심히 공부에 몰두해야 할 때에는 산만해져서 유사자폐나 ADHD, 틱 장애로 소아정신과를 다니게 되는 사례가 많아지는 것이다.

아이에게 목틱이 생겨난 까닭은?

목을 스스로 빼는 목틱을 하는 아이를 만난 적이 있다. 엄마가 황급히 상담요청을 해서 만난 경우였다. 아이의 엄마는 고학력의 전문직 종사자였는데, 아이가 목틱을 하게 된 결정적인 원인 제공을 한 사람이 자신이라고 소개했다. 이야기를 나누면서 회계학을 전공한 아이의 엄마가 어떤 일에 대해서 숫자적으로 딱 떨어져야 안심이 되는 성격이라는 것을 알 수 있었다. 예컨대 아이의 엄마는 '1+1=2'라는 수식적인 논리로 아이와 상호작용하기를 줄곧 해오다가 6세 된 아들과 문제가 생긴 것이었다. 엄마는 아이에게 한번 지적하고 약속한 일에 대해 아이가 지키지 않으면 견디기 힘들다고 했다. 참으로 영원히 지키기 어려운 육아 원칙임에 틀림없다. 과연 엄마가 정한 룰 속에서 아이는 약속을 얼마나 잘 지켰을지 궁금해지기 시작했다. 누구나 말 잘 듣는 착한 아이, 착한 어른으로 살기는 말처럼 쉬운 일이 아니다. 혹시, 아이가 목틱을 하게 된 데에는 엄마의 어떠한 부분이 원인을 제공한 것이었을까? 나는 좀 더 아이 엄마와 이야기를 나누는 과정에서 문제점의 실마리를 찾을 수 있었다.

엄마는 일주일전 쯤 아이에게 어떤 일에 대해 주의를 주었다고 했다. 처음에는 비교적 설명조로 아이에게 말을 했고, 분명 아이가 알아듣는 모습이 역력했다. 그런데 바로 몇 시간 뒤, 아이가 같은 행동을 반복하는 것을 보고 엄마는 아이에게 "너 왜 또 그러니….”라며 약간은 신경질적인 어조로 말했다. 엄마는 아이에게 충분히 경고의 신호를 보냈다고 생각했다. 그러나 사흘 뒤, 아이는 또 다시 같은 행동을 보였고, 엄마는 아이의 행동에 더 이상 참을 수가 없었다.

결국 엄마는 아이의 이름을 호되게 부르며 "도대체 넌 내 말을 듣는 거니? 먹는 거니?"라며 소리를 질렀다고 했다. 이렇게 한바탕 난리가 났고 다음날 저녁, 식사 전에 아이가 또 같은 행동을 보이기 시작했다. 도저히 못 참게 된 엄마는 자기 성질에 못 이겨 거의 화가 머리끝까지 차올랐다고 했다. 늘 그러했듯이 아이에게 큰 소리를 질러댔고, 얼굴이 벌게지면서 그날은 아이 앞에서 쓰러지기까지 했다. 아이의 아버지와 할머니가 엄마에게 물을 먹이고 청심환도 주고 난리 끝에 정신 차릴 정도였단다.

문제는 그 다음이었다. 저녁 먹고 얼마 후부터 아들은 바로 목을 빼는 운동틱인 목틱 증세를 보이기 시작했다. 그 광경을 본 엄마는 바로 자신 때문에 아이가 목틱 증세를 보였다고 생각했다. 엄마는 아이를 껴안고 "미안해, 엄마가 네가 미워서 그런 게 아니야"라고 수습하려고 했지만, 그럴수록 아이는 목틱에 열중했다.

그 다음날, 엄마는 아이가 좋아하는 튀김과 장난감을 사주며 달려보려고 했다. 하지만 이러한 선물 공세에도 아이는 아랑곳하지 않고 목틱에 집중했다고 한다. 이후 엄마는 아이의 목틱 증세를 고치려고 여러 곳에 상담과 조언을 받고자 노력했다는 것이다.

나는 그간 아이의 엄마가 애썼던 행동이 모두 허사라고 생각했다. 그러나 한 가지 다행이라고 생각했던 것은 대부분의 경우, 어떤 한 아이가 문제를 일으켰을 때 엄마인 본인이 원인 제공자라는 사실을 모르는 경우가 허다하다는 것이다. 사례의 내담자인 엄마는 본인이 아이에게 원인 제공을 했다는 점을 정확히 알고 온 경우였다. 한편으로 다행이었지만 그래도 아이가 목 빼는 틱을 하는 것을 보고나니 어떻게 해야 할지 퍽 난감했다.

첫째, 아이와 손을 마주잡고 진정으로 엄마의 행위에 대해 미안하다고 말하고 용서를 구한다. 둘째, 아이에게 말하고 나서는 예전에 했던 그런 행동을 다시는 재현해서는 안 되므로 각별히 주의가 요망되며 나를 다스릴 종교를 갖기를 권유했나. 셋째, 아이 발달상 훈육 과정에서 한두 번 말로써 행동수정이 되는 것은 없으므로 될 때까지 설명하듯 말하는 방법을 나름 개발해야 한다고 지적했다.

그날 상담 끝에 아이 엄마는 눈물을 보였다. 그러면서 엄마가 마지막으로 한 말이 지금도 생생하다. 자신의 성격이 이런 줄은 알았지만 아이에게 자신의 말과 행동이 상처와 트라우마를 남길 줄은 몰랐다고 한탄했다. 그렇다. 아이의 엄마가 했던 행동은 아이들을 상처받게 한다.

8세 이전에 아이들은 엄마가 쓰러지고 온 집안이 난리 속으로 된 모든 상황을 자신의 탓으로 돌린다. 아이에게 감당이 안 되는 엄청난 사건을 겪었을 때 아이혼자서 그 상황을 피할 수는 없다. 또 문제가 있는 가족과 함께 같이 살아야 하는 아이에게는 해결해야 할 어려운 과제처럼 여겨지는 것이다. 이 과제에 대한 결과물로 아이는 목틱을 선택한 것이다. 목을 빼면서 아이는 정서의 100퍼센트 중에서 70퍼센트를 목틱에 집중하고, 나머지 30퍼센트의 기력으로 주변 가족들을 대했던 것이다. 100으로 가족을 보고 지내기가 힘든 아이로서는 목틱의 방어기제를 쓰면서 기운을 여기에 쏟고 나머지로 가족과 상호작용하면서 자신을 방어하고 있는 것으로 생각된다. 참으로 아이 키우기가 녹록한 일은 아니지만 그래도 이번 사례는 엄마 자신이 원인 제공자라고 알고 있어서 다행인 경우였다.

울음이 언어이고 의사소통이다

 예전에 했던 상담 사례 중 하나를 소개하고자 한다. 아이의 엄마와 대면한 후, "아이의 어떤 점이 힘들어서 왔나요?"라고 물었다. 그러자 엄마는 바로 내 앞에서 휴대폰 동영상을 보여주었다. 동영상에는 8개월 된 남아가 누워서 우는 모습으로 1분 이상이나 되었다. 엄마는 아이가 이런 식으로 한번 울기 시작하면 지겨울 정도로 많이 운다고 호소했다. 동영상을 보고 난 뒤, 난 직감적으로 아이가 돌봄 부족의 상태라는 생각이 들었다. 곧장 내담자인 엄마에게 여러 질문을 했다.

"어머님은 아이와 어떻게 상호작용을 하고 있나요?"라고 물었더니 아이의 엄마는 바로 "네? 상호작용이라니요?"라고 물었다. 난 다시 이렇게 되물었다.

"아이와 주로 어떻게 놀고 있나요?" 그러자 아이 엄마는 집 안에서 해야 할 일이 많아서 아이와 놀아 줄 시간이 없다고 했다. 내가 생각했던 질문에 대한 답이 아니라서 잠시 멍해졌다. 엄마가 작성한 상담 기록에는 '전업주부'라고 쓰여 있었고, 평일 오후에 상담을 하는 것으로 보아 평상시 아이와 상호작용할 시간이 충분할 것이라고 생각했기 때문이다.

다시 생각을 정리한 뒤 아이 엄마의 하루 일과를 물으면서 상담을 시작했다. 엄마는 집 안에서 가만히 있지 않고 하는 일이 무척 많아 보였다. 컴퓨터로 부업을 하고 있는데, 하루 종일 붙어 앉아서 할 필요는 없지만 그래도 수익이 있는 일이라서 늘 신경이 쓰인다고 했다. 그 외에도 남편의 식성이 까다로워서 손수 해야 할 부엌일이나 반찬 준비도 큰일이라고 했다. 엄마 본인이 깔끔한 것을 좋아하고 정리 정돈을 해야 하는 성격이어서 빨래와 청소는 하루도 빠짐없이 꼭 해야 한다고 했다.

내담자의 아이 엄마의 말처럼 주부라면 그 어느 것도 소홀히 할 수는 없는 일이다. 따라서 엄마는 아이와 놀아 줄 시간이 거의 없는 것 같았다. 그러니 아이가 울음으로 불편함을 보낼 때는 언제나 상호작용을 하지만 특별한 이유도 없이 울 때면 엄마는 반응하지 않았다고 한다. 그 뒤로 아이가 우는 시간이 길어지더니 거의 떼쓰는 수준으로 거칠어졌다는 것이다. 더욱 놀라운 사실은 아이가 누워있는 영역이 따로 있다고 했다. 아이는 대부분 정해진 영역에서만 시간을 보냈는데, 아이가 울 때면 엄마는 아이가 원하는 것을 채워주었다고 했다.

아이의 엄마가 동영상을 찍던 날에도 아이가 하도 많이 우니까 인터넷 검색으로 자문을 받기 위한 자료로 찍어두었단다. 인터넷상으로 처방받은 우는 아이 대처법에 대해서는 아이를 방치하고 내버려두라는 의견이 지배적이었다고 한다. 이런 슬픈 일이 또 있을까?

아이의 울음은 언어 이전 단계에서 그 자체가 의사소통이다. 울음의 내용을 잘 파악해서 때때로 대처를 잘 해주는 엄마와 아이 사이에는 묘한 기류가 생기는데, 그것이 신뢰감이다. 대략 아이가 6개월 이후에서 8개월 사이에 일관성 있게 상호작용을 해주며 가까이 있는 사람이 엄마라는 사실을 알게 되는 시기이다.

사실 아이가 태어나자마자 자신의 앞에서 끊임없이 대꾸해주고 보살펴 주는 사람이 엄마라고 생각하는 것은 불가능하다. 아이가 처음 세상에 나와서 사람과 관계를 맺는 것은 엄마가 돌봐주는 것을 바탕으로 세상과 인연을 맺는 것이다. 아이는 자신이 울 때마다 신호를 알아차리고, 재워주고 먹여주며 달래주는 상대와의 관계 속에서 세상을 이해하고 해석한다.

당시 상담하러 온 8개월 된 아이의 엄마는 아이의 생물학적인 엄마이긴 하지만 아이와 상호작용을 잘 했다고 볼 수 없었다. 나는 내담자인 아이 엄마와 오랜 시간 동안 이 시기에 아이와 놀아주는 것이 얼마나 중요한지 한참을 이야기했다. 이야기를 나누는 동안 30대 초반이었던 엄마의 태도에서 한 가지 느낀바가 있었다. 아이의 엄마에게는 '내 안에 내가 너무 많구나!'라는 생각이 지배적이었다.

아이 엄마는 아이를 키우면서 청소, 빨래, 음식 만들기는 물론, 부업을 하면서 짬짬이 육아를 하려니 정말 고달픈 하루를 보냈을 것이다. 할 일은 매일 쌓여 가는데 어느 것 하나라고 소홀하면 집안 꼴이 말이 아니다. 주부는 정말 할 일이 많다. 이것을 동시에 모두 해결해야 하는 30대 엄마들에게는 남모를 고충이 있었을 것이다. 아이 엄마와 줄곧 상담을 하는 가운데 내담자인 아이 엄마처럼 모든 것을 본인의 손으로 해결해야 한다고 생각하는 엄마 일수록 아이를 방치하는 경향이 있는 것은 아닐까하는 생각이 들었다.

아이 엄마 자신이 바쁜 상황에 처해 있기 때문에 '아이를 잠시 방치한다고 해서 금세 어떤 일이 일어나지 않을 거야.'라고 생각 할 수도 있다. 그러나 과연 그럴까? 사실 소아정신과 다니는 아이들은 거의 2~3년 정도로 잘못된 양육방식으로 노출된 경우가 많다. 그러다가 어느 날부터 아이가 다른 아이들과 하는 행동이 다르다고 느끼게 되어 병원을 찾는 엄마들이 있다. 그러니까 사실은 병을 키워서 데리고 오는 셈이다.

육아를 하는 일에 있어서 우선순위를 정하는 것이 중요한데, 1순위는 아이 키우기가 되어야 한다. 아이와 노는 것을 시간 낭비라고 생각하면 오산이다. 집안일은 아이가 낮잠을 잘 때나, 아버지와 같이 놀 때를 이용하는 것이 좋다. 모든 일을 혼자 하기 힘들다고 생각한다면 반찬 몇 가지는 사먹는 것도 방법이 된다. 반찬만 해결된다고 문제가 해결된 것이 아니다. 밥과 국은 어떻게 할까? 다 방법이 있다. 밥과 국은 주말에 한꺼번에 1주일 것을 만들어 놓는다. 밥은 금새해서 매끼 먹을 양만큼을 포장해서 냉동 저장한다. 국은 세 가지를 동시에 재료를 준비했다가 만들어서 두 개씩 냉동포장하면 세 가지를 6일 동안 번갈아가면서 다양하게 데워 먹을 수 있다. 이쯤 되면 아이와 놀아주며 상호작용하는 시간이 생기므로 아이가 그렇게 길게 오래 울 일은 없을 것이다.

분명 해결 방법은 있다. 단지 그 방법을 잘 몰라서 우왕좌왕하는 것뿐이다. 내담자인 아이 엄마처럼 내 안에 내가 너무 많은 엄마들이라면 위에 제시한 방법들을 한 번쯤 고려해 보자. 그런 다음 난 아이와 얼마나 많은 시간을 보내고 있는지 고민해 보자.

육아를 빌딩 짓기에 비유하자면 0~6세까지는 기초공사에 해당하는 시기이다. 이때는 아이의 정서에 민감하게 대응해 주는 양육자 역할이 정말로 중요하다. 아이와 양육자 간의 신뢰감 구축에 틀이 생후 1년까지이기 때문이다. 이때 아이의 울음을 대화로 여기며 소통을 잘해야 한다.

나는 상담을 통해서 아이의 엄마가 보여준 아이의 울음소리 1분이 엄마에게는 지겹고 불편했을 텐데 어떻게 1분 이상이나 되는 동영상을 촬영했으며, 상담을 통해 어떤 솔루션을 기대했던 것인지 알고 싶었다. 어떤 경우라도 아이가 운다고 한다면, 아이를 가슴에 품고 달래 줘야 하는 것이 제일 먼저 해야 할 일이 아닐까.

여러 일을 동시에 다 잘하는 사람은 없다. 그 중에서 우선순위를 정해서 가능한 것부터 실행하는 사람이 상기석인 안목으로 볼 때, 이느 깃 히나 결핍 없이 다 잘 해결하는 경향이 있다. 젊은 30대 어머니들이여! 자신의 아이를 우선으로 하는 것으로 순위 변경을 요청 드리는 바이다.

멀티미디어 프리,
대화의 장

한국이 IT 강국인 만큼 그 피해도 피할 수는 없는 일이다. 아이들이 비디오나 멀티미디어에 하루 2시간 이상 노출되면 '유아비디오 증후군'일 가능성이 높다고 한다. '비디오 증후군'이란 말은 우리나라에만 존재하는데, 우리나라에서는 제대로 검증되지 않은 비디오를 학습 비디오로 둔갑하여 시장에서 시판하고 있는 실정이다. 외국의 경우, 아이가 장시간 비디오에 노출되면 소아비만이 된다고 하여 2세 이전의 아이에게는 거의 보여주지 않는다.

우리나라는 한때 영재교육의 바람이 불어 학습영어 또는 한글 비디오를 아이들에게 무방비 상태로 보여주는 경우가 많았다. 그중 비디오 중독이

심각한 아이들은 '비디오 증후군'이나 '유사 자폐증'이라는 이름으로 치료를 받기에 이르렀다.

TV는 이미 실생활에서 모두의 놀이감이 되어 우리 생활 속에 깊이 자리하고 있다. 그렇기 때문에 가족끼리 합의를 통해 TV를 안방으로 옮기거나 서로 간의 TV 시청 시간대를 파악하여 감독하는 것이 좋다. 모든 가족이 아무 생각 없이 TV 앞에 앉아 저녁 시간을 소비하는 것보다는 또 다른 가족 리딩 문화를 만들어야 하는 것이다.

인터넷 게임에 중독되어 병원에서 치료를 하는 아이들의 경우를 살펴보자. 게임에 중독 된 아이들은 게임에 할애하는 시간이 절대적으로 많다는 것을 알 수 있다. 그런데 더 심각한 것은 게임을 매일한다는 점에서 아이들이 더 중독되기 쉽다는 것이다. 이쯤 되면 거의 아이를 방치하는 가정이라고 미루어 짐작해 볼 수 있다.

내가 알고 있는 어떤 가정은 '미디어 프리'의 날을 정했다. 미디어 프리를 지키는데 꽤 시간을 걸렸지만 이제 완전히 정착이 되었다고 한다. 이 가정은 미디어 프리를 만들고 거실에 긴 테이블을 놓았다. 그러고 나서 간단히 각자의 읽을거리를 가지고 30분 이상 거실을 도서관처럼 이용했다.

이 가정은 일주일에 3일 이상을 미디어 프리 시간을 꼭 실천했다. 휴대폰, 컴퓨터기기로부터 가족 모두가 멀어진 것이다. 먼저 30분 정도 도서관에서 책을 읽는 것처럼 모여 앉아 각자의 일을 하고 난 뒤, 함께 이야기하기 시작한다. 대략적인 분위기를 설명하자면 엄마는 TV를 없앤 거실의 소파에 책을, 어버지는 서재에서 방문을 열어 두고 업무관련 서적을 보았다고 한다. 큰아이는 거실 긴 테이블 한쪽에서 숙제를 하고 막내는 거실 바닥에서 퍼즐게임을 하면서 집 안을 작은 도서관 같은 분위기로 만들었던 것이다. 물론 떠들거나 전화 받고 먹는 일은 하지 않기로 정했다.

모두에게 정해진 30분이 지나면 거실에 나와서 얘기를 시작한다. 그날에 있었던 일도 좋고, 화가 난 일이나 부모에게 의견을 듣고 싶은 얘기, 칭찬받고 싶은 얘기 등을 화제로 하여 이야기를 나눴다고 한다. 이때 부모는 아이들 말에 귀 기울이고 집중하는 태도가 가장 중요하다. 대화를 통해 아이들은 창의력도 생기며 부모와의 대화 내용과 방법에 따라 자녀의 인격이나 성격, 지혜를 변화시키는데 결정적인 역할을 한다.

미국의 대통령을 배출했던 케네디가의 밥상머리 교육을 살펴보면 식사 시간을 결코 먹는 일에만 치중하지 않았다는 것을 살펴 볼 수 있다. 즉 9명의 아들을 낳은 로즈 여사는 저녁식사 시간을 대화의 장으로 마련하면서 지적 훈련 시간으로 삼았다고 한다. 그날의 핫뉴스 거리를 신문에서 오려 와 식사 전에 붙여놓고 아이들에게 생각할 기회를 준 다음, 식사 시간에는 각자의 생각과 의견을 말하게 했다.

처음에는 자녀들 중에서도 형들의 얘기만을 듣게 했다. 그러다가 얼마쯤 시나서 모든 형제가 각자의 얘기를 하면서 서서히 토론을 하는 일이 잦았다. 이렇게 저녁식사 시간을 활용하여 핫뉴스 거리를 놓고 아이들의 생각과 의견을 분명히 말할 수 있는 훈련을 했던 것이다. 물론 한두 번 식사 토론으로 이런 문화가 생성되는 것은 아니다. 사실 우리나라에서는 따라 하기 쉽지 않은 식사 문화가 아닌가.

과거 우리네 관습에서는 밥상머리에서 말이 많은 사람은 예의가 없다고 여겼다. 식사 때 우리는 오로지 먹는 일에만 집중해야 한다. 그러나 지금 신세대들은 식사시간을 잘 선택해서 활용하는 경우가 많아 다행이다.

같은 뉴스거리로 각자의 생각과 의견을 말하면서 자기 말의 논리를 주장해야 한다면 그 전에 먼저 깊이 생각을 해야 할 것이다. 만약 다른 사람들이 내 생각이나 의견에 반박할 때를 생각해서 나름의 논리도 점검해야 한다. 이렇듯 케네디가에서는 자신의 생각을 정리해서 말하고, 남의 말을 잘 듣고, 비교하고 평가한다는 토론의 장을 거의 매일 생활하다시피 했다. 이를 통해 아이들에게는 창의력, 논리력, 사고력을 자극하는 가정환경을 만들어 준 것이다. 그 결과물로 케네디가에서 대통령, 법무장관, 상원의원이 나왔다는 것을 볼 때 이는 결코 어느 날 우연히 생긴 일이 아니다.

결론적으로 말하자면 TV를 멀리하고 거실을 도서관 같은 분위기로 꾸미며 아이와 함께 책읽기 시간을 정규적으로 정하는 것이다. 이렇게 하면 아이와 대화의 장을 마련할 수 있다. 대화를 통해 아이의 창의력을 높이고 싶다면 아이가 묻는 질문에 되물어 보는 것이다. 예컨대, 아이가 아버지에게 "아빠! 왜 도서관에서 조용해야 되나요?"라고 묻는다면 이렇게 되물어 보자. "아들! 도서관에서 모두가 조용히 책을 안 보고 떠들어 대면 어떻게 될까?"라고 질문을 한다. 다시 말해 아이에게 생각할 수 있는 질문을 해주는 것이다. "2+2= 5라고 했니? 그럼 2+3= 뭐라고 생각하니?"라고 질문을 해서 아이가 고민할 시간을 주는 것이다. 이런 사소한 되묻기 방법만 활용해도 창의적인 아이가 된다.

창의성에서 중요한 것은 아이 내면에서 나오는 주도성의 싹을 서서히 틔울 수 있도록 키워 주는 것이다. 시작이 반이다. 시작을 잘하면 거의 반은 완성이고 나머지 반은 아이의 몫이다.

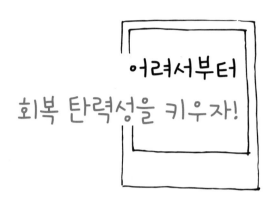

어려서부터
회복 탄력성을 키우자!

 우연히 본 TV 속 서울시립과학관의 이정모 관장님의 말씀이 생각났다. 2018년 '청소년 공감 콘서트'라는 제목의 강연으로 의미 있는 내용이 많았다. 이정모 관장님은 줄곧 우리에게 웃음을 주시면서 골자 있는 말씀을 많이 하셨다. 그 분이 한 말 중에는 '엄마 말을 잘 듣는 아이는 망한다'라는 말이 있었다. 지금 신세대 어머니들에게 생각해 볼 테마가 아닌가 싶다.

여러 해 동안 상담하면서 알게 된 두 가지 부모의 유형이 있다. 첫째 유형은 부모는 아이가 아무것도 모르는 백지와 같아서 일일이 가르쳐 주어야 한다고 믿는 부모이고, 다른 유형은 아이마다 타고난 잠재능력을 잘

끄집어내 발현할 수 있도록 도와주는 것이 부모의 역할이라고 믿는 유형이다.

원컨대 적절하게 반반 섞이면 좋겠지만 사실은 그렇지 못하다. 부모가 어찌 생각하느냐에 따라 아이는 크게 달라진다. 전자의 경우는 아이가 부모의 의도대로 따라 주지 않으면 부모는 바로 회의감에 빠져 본인도 괴롭히지만 그 분노로 아이의 단점을 자꾸 지적하게 된다. 이런 경우 아이와의 관계에도 점차로 문제가 되지만 아이는 의기소침해지고 차차 엄마 때문에 자신감을 잃는 경우가 많다. 안타깝고 씁쓸한 경우이며 이런 경우는 대개 아이들이 집을 스스로 나오는 경우가 많다. 결국, 아이는 엄마만 보지 않으면 살 수 있겠다는 결론을 스스로 내린 것이다.

반면 후자의 경우는 엄마가 아이의 잠재 능력을 인정해 주는 것이다. 전자보다 아이에게 평소 칭찬을 자주하게 되면서 아이가 기뻐하니 엄마는 점차로 칭찬거리를 더 찾게 되므로 이런 아이는 늘 기분이 좋은 상태이며 뭔가를 하려는 동기부여로 자신감이 충만한 아이로 성장하게 된다. 결국 칭찬 속에서 자신감을 얻은 아이가 자기 미래를 잘 개척해 나간다.

이관장님의 말씀 중에서 많은 실수와 실패 속에서 크는 아이가 장래성이 있다고 한다. 일찍이 엄마 그늘 속에서 실수나 시행착오를 피해서 자란 고학년 아이들은 오히려 회복 탄력성이 없다는 이론이다. 엄마가 하라는 대로 하고 살아온 아이들은 안정권 내에서 여러 가지 실수나 실패의 경험이 적다고 한다.

회복 탄력성은 실패해본 사람에게 생긴다. 어려서 실패하지 않은 사람은 회복 탄력성이 떨어지니 어린 아이들이 점점 나이 들어서 해결해야 하는 과제 앞에서 오히려 비겁해진다. 여기서 말하는 회복 탄력성이란 인생의 허들을 가뿐히 뛰어넘는 내면의 힘을 말한다. 즉, 스트레스를 견뎌내고 다시 제자리로 돌아오는 힘이다.

회복 탄력성이 높으면 건강한 인간관계를 만들 수 있고 마음 속 깊이 상대방을 존중하면서 원활한 소통을 이룰 수 있다. 나는 대학생들을 가르치면서 이런 회복 탄력성을 지닌 학생들을 가끔 보게 된다. 갑작스런 부모의 사망이나 이혼 등으로 이미 고생과 역경을 딛고 일어나야만 했던 시절이 있었던 학생들에게서 몸과 마음에 붙은 근력을 분명히 볼 수 있었다.

그들은 주변 친구와 함께 어려운 역경을 이겨내고 위안을 얻는다. 친구의 믿음을 통해 마음의 근력이 생겨 오히려 자신감이 있는 회복 탄력성이 높은 학생이 되는 것이다. 이들은 앞으로 닥칠 스트레스나 불안을 잘 관리하는 낙관적 현실주의자로 거듭날 가능성이 높다.

지금 겪고 있는 역경, 고난, 고생을 어떻게 생각하는가? 힘든 역경에 처한 상황을 내 것으로 받아들여 보라. 힘들고 고달프겠지만 몸과 마음의 근력을 키우는 회복 탄력성이 높은 사람이 되는 기회가 될 수 있다.

내 경우에도 힘든 과거 유학생활이 있었다. 타국에서 고달팠던 인간관계 속에서 그 당시에는 대단한 상처를 받았다고 생각했다. 지금 곰곰이 생각해 보면 그 모든 일들이 오늘의 내가 되기 위해 스승의 가르침과 같은 일들이 아니었나 싶다. 철이 들어서가 아니라 그런 생각을 하면서부터 내 맘이 넉넉해지고 긍정의 힘도 많아졌기 때문이다. 물론, 그 고생 속에서 회복 탄력성이 생긴 이점은 사실 보너스이다. 그런데 어려서 그 보너스를 받았기 때문에 그 뒤에 오는 스트레스와 불안도 쉽게 잘 견디게 되니 오히려 일찍 고생한 역사를 감사하고 있다.

요즘 아이들은 부모의 과잉에 가까운 보호과 사랑을 받으면서 지나치게 잘 먹고 입고 쾌적한 환경에서 자란다. 그 아이들에게도 몸과 마음의 근력을 만들어 주어야 한다. 그렇지 않으면 앞으로 겪게 될 고난 속에서 휘청거리고 비겁해진다면 부모 손을 떠나 영원히 홀로서기는 요원한 일이 된다.

회복 탄력성이 있는 청소년으로 자라게 하려면 어려서 아이와 적극적으로 놀아주는 부모가 되어야 한다. 놀이의 목적은 재미에 있다. 재미가 없으면 그것은 과제이며 일이다. 어려서 부모와 함께 잘 논 경험이 있는 아이들은 놀이를 통해 몸과 마음이 즐겁고 신나는 하루가 된다. 그러는 동안 아이들 몸에는 근력이 생기고, 마음에도 근력이 생기게 된다. 이 두 개의 근력을 잘 키워진 회복 탄력성이 높은 아이들이 초등, 중등, 고등, 대학에 와서 자기 일을 알아서 잘 처리 하는 적응력 높은 사람이 된다.

결론적으로 부족하게 키우는 것이 아이의 회복 탄력성에 좋다. 줄 수 있어도 주지 말고 인내를 시험해 보기도 하고 사달라고 하는 것을 바로 해주지 말자. 욕구 지연을 경험한 아이들이 오히려 경쟁력이 있다는 연구

보고가 있다.

부모늘이여, 다 있시노 않으면서 아이에게 넉넉힌 척 되디 주려고 하기 말라. 그로인한 아이의 회복 탄력성 망치지 말며, 부모로부터 행해지는 사랑과 관심은 많이 하되, 늘 물질적으로 부족하게 키우도록 머리를 써야 된다. 사람은 고생을 해봐야 철이 들기 때문이다.

애벌레에서
나비가 되기까지

애벌레는 보기만 해도 징그럽다. 그러나 그런 애벌레도 신비로운 탄생과정을 거치며 아름다운 나비가 된다. 아이 역시 마찬가지다. 자라면서 여러 번 변한다. 때로는 그들의 존재가 부모에게 즐거움과 행복을 맛보게 해주는가 하면 어떤 때는 고통과 슬픔으로 내 몰기도 한다. 부모는 아이가 여러 가지 실망스런 모습을 보여 주더라도 아직 아이는 애벌레와 같고, 아름다운 나비가 되기 위한 준비과정으로 믿고 기다려야 한다.

애벌레가 아름다운 나비가 되기 위해서는 탈바꿈을 해야 한다. 인간은 저마다 자기만의 재능을 가지고 태어나기 때문에 그것을 집중적으로 개발해 주면 몇 번의 변신을 통해 결국 아름다운 나비로 완벽하게 탄생한다. 이 과정이 조금 싣게 느껴시는 셋도 사실이다.

때로는 아이가 장난감을 가지고 노는 방식이 좀 다르더라도 내버려 두는 여유가 필요하다. 부모가 보기에는 이상할지 몰라도 아이는 나름대로 자신만의 방법을 즐기는 것이다. 이런 순간에 인내가 필요한데 이때 부모는 "이건 이렇게 하고 놀아야지"라고 하며 놀이를 주도하고 참견하는 것은 옳지 않다.

창의적인 아이로 키우려면 아이가 다양한 경험을 할 수 있도록 도와주어야 한다. 아이는 다양한 시도를 통해 성공과 실패를 경험하면서 자신감을 얻기 때문이다. 부모가 이따금 "그것 하다가 다치겠다. 그만해!", "왜 너는 꼭 그렇게 하려는 거니? 이해가 안 가네."라고 말하는 경우가 있다. 이러한 표현은 아이가 경험할 수 있는 기회를 빼앗고 아이는 그만큼 소극적이고 의존적인 아이로 될 수밖에 없는 노릇이다.

아이가 부모가 하라는 대로 하면 대부분의 부모들은 "우리 애는 착해요. 한 번도 속 썩히는 일이 없었어요."하고 몹시 뿌듯해한다. 한번 생각해 보자. 아이가 부모 말을 잘 듣는 게 과연 좋은 일인지 아닌지를⋯⋯.

아이가 부모의 말을 잘 들으면 부모 입장에서 당장은 순종적이라며 좋아할지도 모른다. 하지만 순종적인 아이는 결국 스스로 생각하는 힘을 서서히 잃고 만다. 그나마 잠재돼 있던 창의성마저도 사장되는 것이다. 그보다는 오히려 실수도 많이 하고 항상 말썽을 피우는 아이가 실제로 어떤 문제에 부딪혔을 때, 해결 방안을 잘 찾아내는 경향이 있다. 그러니 아이가 호기심으로 무언가를 시도하다가 실수를 하더라도 화를 내기보다는 좋은 징후로 생각하는 것이 좋다.

아이들에게는 각자의 능력과 무한한 잠재력이 있다. 전교 일등 하는 아이는 하나뿐이지만, 아무것도 할 수 없는 아이는 하나도 없다. 하지만 아이가 아무리 뛰어난 능력을 가지고 있다하더라도 부모나 교사가 그것을 깨닫지 못하면 소용이 없다. 무한한 가능성을 발휘할 기회가 없어지기 때문이다.

방송인이면서 변호사인 로버트 할리 씨의 일화를 소개하고자 한다. 할리 씨가 어린 시절 가능성을 깨닫게 도와주신 초등 3학년 담임교사인 랜돌프 선생님의 이야기이다. 할리 씨는 초등 3학년까지는 공부하기 싫은 개구쟁이였다. 학교 생활기록부에는 늘 공부에는 관심이 없고, 조용한 성품에 부끄러움이 많다고 적혀 있었다.

어느 날, 학교에서 취미에 대해 발표하는 시간이 있었다. 할리 씨는 그 당시 선물 받은 누에고치를 기르고 있던 터라 발표 시간 때 소개하려고 준비했다. 발표 당일, 할리 씨는 누에고치가 뽕잎을 먹고 자라며 번데기가 되어 나비가 되는 과정을 반 아이들에게 설명했다. 할리 씨의 발표가 끝나자 반 학급아이들의 반응은 예상보다 좋았다. 랜돌프 선생님은 할리 씨를 크게 칭찬하시며 1년간 교실에서 누에고치를 같이 키워보자고 했다. 그동안 할리를 무시했던 반 학급 친구들도 그에게 다가와 누에고치 보여

달라고 하면서 관심을 보였다고 한다.

그 후로 알리 씨는 학교 공부에도 자신감이 붙게 되었다고 한다. 공부도 못하고 보잘것없었던 할리 씨의 취미에 랜돌프 선생님이 큰 관심을 보여 주신 뒤로 자신감과 용기가 생긴 것이다. 할리 씨는 어린 시절을 이렇게 회상했다. "그 당시 보잘 것 없었던 나를 번데기에서 나비로 만들어 주신 랜돌프 선생님을 기억하고 있다."

그 뒤 할리 씨는 한국에 와서 여러 활동을 하면서 한국교육에 대해 지적하곤 했다. 한국의 주입식 교육보다는 미국의 창의성 교육처럼 아이들의 생각을 자유롭게 표현하도록 수업 설계를 수정한다면 좋을 것 같다고 했다. 미국에서는 아이가 공부를 못해도 나무라지 않고 알아서 하도록 지켜봐주는 것이 한국교육과 차이라고 말했다. 그가 지적한 사항은 우리가 이미 공감하는 부분이다. 그런데 왜 잘 안 되는 걸까? 행동이 바뀌려면 인식이 바뀌어야 하는데 그렇지 못하기 때문이다.

때로 부모들은 자녀 교육의 방법을 몰라 어렵게 생각하는 경향이 있다. 그러나 자녀교육은 거창한 것이 아니다. 그 기본의 핵심은 부모가 아이에게 뭔가를 잘 할 수 있는 능력이 있다고 믿는 것이다.

학교 석차에도 현혹되지 않고 아이의 가능성을 믿는 것이 쉬운 일은 아니다. 하지만 주변의 기준에 휩쓸리지 않고 자녀를 믿어 주는 것이 바로 부모의 사랑이다. 아이는 자신을 믿고 기다리는 부모의 사랑을 영양분 삼아 무럭무럭 자란다. 그러다 어느 날 아이는 잠재의식 속에 감추어 두었던 능력을 발휘한다. 부모의 생각과 믿음이 말 이전에 느낌으로 아이에게 고스란히 전달된 것이다. 그러나 부모가 아이에 대해 확신이 없거나 아이에 대해 이미 마음속으로 포기하면 아이는 금세 그것을 알아차린다. 그러니 이 책을 읽고 있는 부모들이여! 오늘은 자신의 마음과 생각을 정리해 보자. 아이가 눈치 차리기 전에!

5장

사랑과 통제의
균형을
잘 맞춰라!

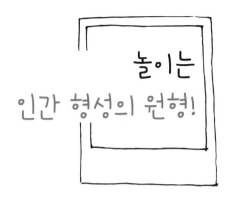

놀이는
인간 형성의 원형!

　　아이와 함께하는 놀이는 중요하다. 많은 부모들이 놀이의
중요성을 실감할 것이다. 그러나 정작 부모들이 아이와 하는
놀이는 학습 위주로 이루어지고 있는 실정이다. 어떤 엄마는
아이와 노는 게 너무 힘들어 보약까지 먹고 놀아줘야 한다며 푸념했다.
다른 엄마는 남편에게 자기가 나가서 일할 테니 집에서 적극적으로 애들
과 놀아 달라고 매일 채근한다고 했다. 이렇듯 많은 엄마들이 아이와 노
는 것을 힘겨워한다. 그런데 아이와 놀아 주는 게 정말로 그렇게 힘든 것
일까?

　　우리가 어렸을 때는 놀이가 일상이었다. 동네 골목에서 뜀박질하며 고

무줄놀이를 하거나 붉은 벽돌을 빻아 고춧가루를 만들고 나뭇잎을 손으로 찢으며 반찬을 만들면서 소꿉놀이를 했다. 이렇게 놀다 보면 이느새 날이 금방 저물었다. 이때 엄마가 저녁 먹으라고 부르는 소리가 귀찮을 정도였다.

예전이나 지금이나 아이들에게는 모든 것을 놀이로 바꿀 수 있고, 재미있게 놀 수 있는 '놀이 본능'이 있다. 아이를 물가에 데리고 가면 어느새 물속으로 들어가 옷을 적시고 논다. 모래를 보면 뭔가를 만들려고 긁어모으고 있고 돌맹이를 발견하면 이리저리 뒤집어서 놓고는 거북이라고 부르거나 누가 더 멀리 던지기를 할지 게임이 시작된다. 이렇듯 아이들은 놀이 본능으로 상상력을 동원해 다양한 방식으로 논다. 따라서 엄마 아빠는 그저 아이들 옆에서 같이 있어주기만 하면 된다. 아이가 하고 싶은 놀이가 있으면 그 언저리에서 놀이에 좀 더 집중할 수 있도록 도와주고 재미있는 환경을 만들어주면 되는 것이다.

기억을 더듬어 보면 나의 경우에는 내가 부엌에서 일 할 때는 어김없이 두 아들이 일하는 엄마 얼굴을 확인하고는 본격적으로 부엌 장을 열어 젖혔다. 아이들은 바닥에 냄비 세트를 모두 꺼내놓고 두들기는 음악도구로 만들었다. 또 아이들이 기척 소리 없이 너무 조용하다 싶어 확인해 보면 화장실 변기 속에 샴푸를 풀어 거품을 내며 놀았다. 이따금 안방에서 지나칠 정도로 오래 있는 게 아닌가 싶어 살펴보면 서랍장의 옷가지를 바닥에 팽개쳐 놓고 서랍장 아래 칸부터 한 칸씩 오르던 아이들의 모습이 떠오른다. 한편으로는 아이들이 다칠까봐 걱정이 되었지만, 아이들의 놀이본능은 무궁무진하다. 그러나 요즘처럼 부모 모두가 바쁜 상황에서 이렇게 노는 집은 찾기가 힘들 지경이다. 아이들 입장에서는 씁쓸한 일이 아닐 수 없다. 예전처럼 순수한 마음으로 놀 수만은 없는 것이 요즘 신세대 부모의 현주소인 것이다.

요즘 부모는 아이와 놀아주면서도 학습 효과를 기대하게 된다. 그렇기 때문에 부모 마음이 성급해지니 놀이를 부모 자신들이 주도하게 되는 것이다.

"○○아, 우리 노란 별모양 찾기 놀이해볼까?"

"아이고, 잘하네. 그럼 파란 별 갖고 올래?"

"우리 지금부터 알파벳 게임 할까?"

이렇게 부모들은 모든 놀이를 학습으로 만들어 버린다. 엄밀히 말해서 이것은 놀이가 아니다. 오히려 아이에게 스트레스만 더해 줄 뿐이다. 놀이의 주체는 아이가 되어야 하는데, 부모는 그저 한걸음 물러서서 주변인 역할을 하는 것이 좋다.

아이 중에는 부모가 주도하는 놀이에 처음에는 기대에 부응하다가 나중에는 재미없어하는 아이가 있다. 이러한 아이의 경우, 똑똑한 아이라고 할 수 있다. 부모 말을 잘 듣는 아이라고 마냥 좋아할 일이 아니다. 자신의 생각이 아닌 부모의 뜻대로 인생을 살아가다가 불행했다고 생각하는 사람들이 있지 않은가? 부모가 주도하는 놀이가 창의력과 상상력이 떨어지는 놀이거나 진정 재미없이 본인의 의지대로 놀 수도 없다는 사실을 깨닫은 아이라면 이미 성공한 것이다. 이렇듯 어려서부터 스스로 잘 놀지 못하는 아이는 나중에 사회성에도 문제가 있으며, 대인관계에도 어려움을 겪을 수 있다.

그렇다면 어떻게 하는 것이 아이와 잘 놀아 주는 것일까? 예컨대, 아이가 소꿉놀이를 하겠다면 엄마 역할을 하거나 다른 가족 구성원 역할을 하여 아이의 놀이에 호응해 준다. 인형놀이를 하겠다고 하면 적절히 끼어들어 역할 하나를 맡으면 된다. 그러면 아이는 혼자 놀 때보다 점점 더 놀이에 재미를 붙이게 된다. 이렇게 하여 놀이 시간을 늘려가는 것이 바람직하다.

결국, 아이가 혼자서 놀이를 재미있게 노는 데에 우선시 되어야 하는 것이 자율성이다. 아이는 자유롭게 놀이를 선택함으로써 재미를 창출한다. 더불어 놀이의 재미를 반복적으로 연출하여 숙달시키면서 완성감 또는 성취감으로 의미를 생산하는 것이다. 그래서 잘 노는 아이의 표정을 살펴보면 늘 밝은 얼굴이다.

반대로 어려서부터 놀이에 집중하기 힘든 아이는 나중에 공부하는 데에도 애로사항이 생긴다. 아이가 놀이에 몰입하다보면 무서운 집중력이 생기는데, 이는 학교에 갔을 때 수업에 집중할 수 있는 원동력이 된다. 그래서 고대 그리스 철학자들은 아이들이 무슨 놀이를 하는지를 살펴보면서 아이가 커서 무엇이 될지 예측했다고 한다.

다시 말해 어려서 잘 노는 아이들은 즐거운 놀이에 몰두한 경험이 있다. 어떤 일에 몰두한 경험을 바탕으로 아이는 자신의 천직을 수행하게 된다. 그리스 학자들은 이렇게 인간을 통찰하면서 유아들이야 말로 본래적인 인간 형성의 원형을 놀이집중을 통해 보여준다고 믿었다. 즉 어떤 아이들은 혼자서 하는 손작업을 열심히 하고, 어떤 아이들은 여러 명이 모여서 궁리하고 결정하며 설득하는 일을 좋아하는데, 그것들이 앞으로 아이가 어떤 일을 할지를 결정한다고 본 것이다. 그러나 요즘처럼 오로지 학습에만 치중하고 놀이 없는 유아기를 보내게 한다면 아이들은 유아기의 상실을 경험할 뿐만 아니라 문제 행동을 보이게 된다.

조기 교육의 심각한 사례에 대해 소개고자 한다. 어떤 아버지가 늦둥이 아들을 보았다. 너무 기쁘고 신나서 아이가 돌이 되기 전부터 방벽에 천자문을 붙여놓고 수시로 따라 읽게 했다. 아이가 4세가 되자 천자문을 줄줄 외고 잘하는 것처럼 보였지만, 아이는 정작 한자의 뜻은 모르고 있었다. 아이에게는 매일 아버지와 했던 한자공부가 생활의 일부였을 것이다. 하지만 뜻도 모르는 한자를 따라하면서 아이는 얼마나 고생스러웠을까?

나는 이 사례를 검토하면서 아이의 상태가 걱정되었다. 아니나 다를까. 아이에게는 문제행동이 발견되었다. 한자공부를 하지 않은 시간에는 방구석에 앉아 책 모퉁이를 입으로 가져가 뜯어 먹는 행동을 보였던 것이다. 이런 행동이 지속되면 나중에 소아우울을 불러오는 원인이 될 수 있다.

사랑한다면
부족하게 키워라

'칠푼 앓이 동자훈'이라는 말을 들어 본적이 있는가. 이 말의 뜻은 부모가 10푼을 가지고 있으면서도 자식에게 7푼밖에 주지 않는다는 뜻이다. 즉 나머지 3푼은 자식이 스스로 노력하여 얻을 수 있도록 여지를 남겨두라는 말이다. 부모는 아이가 3푼을 채우기 위해 고통스럽고 힘겨워하는 과정을 지켜보자면 가슴이 아프겠지만, 오히려 이런 과정이 자녀를 인내심 있는 아이로 키운다는 뜻이기도 하다. 모쪼록 대한민국 부모들이 '칠푼 앓이 동자훈'의 의미를 가슴 깊이 새겼으면 좋겠다. 가진 게 많아도 아이에게 덜 주는 사람이 되어야 한다. 아이에게 고생을 사서 시킬 수 있는 부모가 되어야 하는 것이다.

대학민국의 어머니들이 입에 달고 사는 말 가운데 흔한 말이 무엇일까. 바로 "돈 없다"이다. 이 말은 진실로 자식들 앞에서 하기 힘든 말이기도 하다. 그러나 요즘 신세대부모들은 대부분 아이들이 뭔가 사달라고 하면 카드를 긁어서라도 사주지만, 이러한 행위가 옳다고 할 수 없다. 물질적으로 부족함 없이 자라는 아이들은 오히려 경쟁력이 없는 어른으로 크기 쉽다는 것을 알아야 한다. 즉, 욕구지연이나 좌절 경험을 겪어야만 자신의 부족한 부분을 알고 어떤 시점까지는 참고 인내해야 하는 것을 배우기 때문이다. 만약 아이가 물건을 사달라고 조른다면 이렇게 해보는 것은 어떨까?

"엄마, 마트 가면 장난감 사줘요!"

"우리 ○○가 장난감 갖고 싶구나? 그럼 아빠 들어오시면 말씀드려볼까? 아빠가 허락하시면 내일 사도록 하자."

위의 예시처럼 간단한 대화만으로도 아이에게 기다리는 법을 가르칠 수 있다. 만약 아버지가 장난감을 사주는 것을 반대한다면 그 이유를 듣고 그 물건이 없어서 불편함을 겪는 것도 아이에게는 좋은 교육이 되는 것이다. 이때 아이는 기다리고 인내하는 법을 깨닫게 된다.

인생의 성공과 실패를 가르는 요소로 많은 사람들이 인내심을 꼽는다. 사실 인내심은 평생토록 가르치고 배워야 하는 덕목 가운데 하나이다. 인내는 자신과의 싸움이기 때문에 이런 형이상학적인 개념을 아이들에게 가르친다는 것은 결코 쉬운 일이 아니다. 그러나 일단 인내가 무엇인지 아이가 깨닫게 되면 행복한 어른으로 자랄 여지가 커진다.

아이들은 자라는 동안 많은 일을 시도한다. 그러면서 욕구좌절 또는 욕구지연을 겪게 되는데 이는 피할 수 없는 일이다. 이런 욕구좌절과 욕구지연의 경험을 통해 아이는 잠시 동안은 불편과 고통을 느끼게 될 것이다. 그러나 꼭 나쁜 것만은 아니다. 이때 아이는 기다림을 배우고 인내를 체득하게 된다. 부모는 아이에게 관심을 가지되 무관심한 자세로 아이와 적당한 거리를 유지하는 것이 좋다. 아이 스스로 시행착오를 겪도록 배려해 주는 것이다. 동기부여의 중요한 요소인 자율성은 이런 적당한 거리를 늘 유지하면서 지켜봐 주는 어른, 즉 부모가 있을 때 가능해 진다. 힘들 때는 격려와 용기를, 실패했을 때는 재도전을 하게끔 가르치고 지지해주는 부모가 되어야 한다. 이 과정을 제대로 수행하게 되면 아이는 스스로 하는 일에 재미를 느끼게 된다. 또 그 일에 완성도를 갖게 되면서 일에 대한 목적과 의미가 남달라진다. 이것이 바로 동기부여이다.

싹은 틔우지만 꽃을 피우지 못하는 경우도 있고, 꽃은 피우지만 열매를 맺지 못하는 경우도 있다. 공부나 인생살이도 이치는 같다. 실수하더라도 좌절하지 않고 새롭게 다시 시작하는 것이 중요하다. 아이가 늘 새롭게 다시 시작하려면 부모는 아이가 어릴 때부터 마음속에 자기통제나 조절과 같은 내면적 조정능력을 키울 수 있도록 도와주어야 한다.

내면적 조정능력은 크게 두 가지의 경험을 통해 얻어진다. 하나는 자연적 귀결의 경험이며, 다른 하나는 논리적 귀결의 경험이다. 자연적 귀결이라 하면 식사 전에 아이스크림을 먹고 나니 밥맛이 없었다는 경험, 방에서는 공을 가지고 놀지 말라고 했는데 가지고 놀다가 창문을 깨뜨려 찬바람이 들어와 독감에 걸린 경험, 장갑 없이 스키를 타다가 손이 얼 뻔한 경험 등을 가리킨다. 이런 경험은 살면서 누구나 하게 되는데 이런 자연적 귀결을 체험하면 아이는 밥을 먹기 전에는 케이크나 아이스크림을 안 먹으려고 한다든지, 스키를 탈 때는 장갑을 빌려서라도 꼭 챙긴다든지, 방에서는 절대로 공을 가지고 놀지 않는다든지와 같은 자기조절력이 생기는 것이다.

논리적 귀결이라 하면 가족과 함께 약속한 것을 어겼을 때 불이익을 얻게 되는 경험을 통해 아이가 자신을 통제하는 능력을 갖게 됨을 말한다. 물건으로 사람에게 던지지 않기로 약속했는데 아이가 던졌다면 일주일간 과자를 먹지 못하는 고통스러운 경험을 통해 아이 스스로를 통제하게 되는 것이다.

늦게 귀가하는 사람은 스스로 저녁을 챙겨 먹고 뒷마무리까지 하기로 약속했는데 대학생인 아들이 학교축제가 끝나고 늦게 들어오는 바람에 먹을 것이 없어 라면으로 허기를 달랬다고 하자. 이런 경험을 한 후에는 대학생 아들이 내면적 조정능력이 생김으로 늦게 귀가할 때는 저녁을 밖에서 해결하고 오게 될 것이다. 이처럼 불편한 경험을 한 후에는 내면적 조정능력이 생기게 된다. 이 능력이 지속적으로 유지되길 바란다면 아이가 잘했을 때는 그 순간을 놓치지 않고 칭찬하고, 불이익을 경험할 때는 묵묵히 지켜봐주는 게 최고의 방법이다.

더 나아가 생각해보면 인류의 역사에 공헌한 위인들 중에는 인내심과 내면적 조정능력을 발휘한 사람이 대다수이나. 국어학사인 주시경 선생이 열일곱 살 때의 일이다. 선생은 한문을 배우면서 말하는 대로 글을 쓰면 더 편하고 좋다고 생각했다. 그래서 왜 말과 글이 서로 달라야 하는지에 대해 고민했다. 주시경 선생이 살았던 당시에는 한문이 아니면 글이 아니라고 생각했던 때였다. 주시경 선생은 다른 나라 말보다 우리말이 더 조리 있고 배우기 쉬우며 쓰기 좋다는 것을 깨닫고 국어 공부에 전념했다. 그가 한글학자로서 큰 업적을 이루는 데 밑바탕이 되었던 힘은 말하는 대로 글을 쓰는 일에 대한 강한 집념과 인내로 이루어진 것이었다.

발명왕 에디슨의 경우도 생각해 보자. 그는 백열등을 발명할 때 수많은 시행착오를 겪었다. 그가 한 실험 중에는 1,237번째에 백열등에 불이 들어왔다. 에디슨은 그동안의 실패를 실패라고 생각하지 않았다. 그는 "나는 1,236가지의 다른 방법을 실험했을 뿐입니다."라고 말했다. 만약 그가 1,236번의 실험을 실패라고 생각했다면 백열등의 불은 결코 켜지지 않았을 것이다.

어리석은 실수를 반복 할 필요는 없다. 그러나 멋진 실수는 좋은 경험이 될 수 있다. 어쩌면 에디슨의 경우처럼 다른 실험 방법이 될 수도 있다. 실수를 통해 인내를 배우게 되는 것이다. 그러니 이 땅의 부모들이여! 아이가 어려서 겪게 되는 실수를 두려워하지 말자. 경험은 평생 자산이 되는 밑거름이며 인내를 하게 되는 좋은 기회가 될 수 있다.

우리 아이 경제교육은 이렇게!

 어느 엄마가 아들이 초등 2학년생 때부터 했던 경제교육을 소개하고자 한다. 경제교육의 시작은 아들이 초등학교 시절에 우연히 듣게 된 교장 선생님의 훈시를 듣고 나서부터였다고 한다. 그때부터 아들이 군대를 다녀와서 대학 3학년생이 된 현재까지 경제교육은 지속되고 있다고 했다.

엄마는 어려서부터 아들이 줄기차게 받은 세뱃돈과 용돈, 생일 축하금을 받을 때마다 아이 이름으로 만든 통장에 입금해두었다. 아이는 처음에 적은 액수의 돈은 다 써버리다가 조금씩 모았던 돈이 목돈처럼 액수가 많아지니까 돈에 애착이 생겼다고 했다.

그렇다면 엄마가 들었던 초등학교 교장 선생님의 경제교육은 무엇이었을까? 그것은 아이가 원하는 것의 총 액수의 반을 아이 돈으로 준비가 될 경우에 반을 보태서 아이 것으로 만들어 주라는 것이었다. 만약 아이가 십만 원 짜리 자전거를 갖고 싶어 한다면 아이가 통장에 모아놓은 5만원을 내놓을 경우, 부모가 5만원을 추가로 보태서 사주는 것이다.

아이가 저학년일 때는 통장의 돈을 다 소진해서 썼는데, 자라면서 점점 자기 소유의 돈이라는 개념이 생기자 뭔가를 사려고 했을 때에는 한참을 고민하더란다. 시간이 지나도 그 물건을 꼭 사고 싶은 것인지 생각해보고, 진정 자신이 갖고 싶은 것으로 대치하는 모습을 보게 되었다는 것이다.

어느 날 아이는 자신의 통장에 돈이 있다는 걸 알고 "엄마! 나 이것 살 거야. 엄마가 도와줘요!"라고 말했는데 엄마는 그러라고 허락을 했다. 그렇게 아이가 말하고 나서 한 달이 지났는데, 아이는 통장에 있는 자신의 돈이 아까웠는지 "엄마! 나, 다음에 더 좋은 것이 나오면 사려고요. 아니면 좀 더 싼 것이 있으면 그때 사기로 결정했어요!"라고 말했단다. 이러한 반응을 통해 아이에게 경제 논리가 생겼다는 것을 알 수 있다.

그뿐인가? 아들이 대학에 입학하여 부모님이 등록금을 마련해서 낼 때면 언제나 부모님께 감사해 하면서 고맙다는 말을 잊지 않는다고 했다. 엄마는 그렇게 고마워하는 아들을 볼 때마다 여간 흐뭇한 일이 아니라며 나에게 자랑삼아 이야기했다. 듣기에도 좋고 귀감이 되는 일이다.

문득 그 아들이 잘 자라줬다는 생각이 들었다. 이야기를 더 들어보니 아들은 대학에 들어가서도 혼자 자취를 하며 배낭여행도 다닌다고 했다. 그동안 훈련된 경제관으로 돈을 낭비하지 않고 아르바이트까지 하면서 공부를 한단다. 요즘 보기 드문 건실한 대학생의 모습이었다.

예전에 상담했던 사례 하나를 더 소개하고자 한다. 내담자였던 어머니는 자신이 어렸을 때부터 가난한 환경에서 자라서 내 자식만큼은 부족한 것 없이 다 해주고 싶었단다. 그래서 아들이 갖고 싶어 하는 것은 모두 다 사주었고, 용돈도 넉넉하게 주었다.

그러던 어느 날, 어머니는 아들이 초등 6학년이 되자 학교 친구들에게 돈을 빼앗기고 있다는 사실을 알게 되었다. 평상시에 아들은 과자를 한 번에 많이 사서 아이들에게 돌릴 정도였으니, 누가 봐도 항상 돈이 많은 아이라고 여길 법도 했다. 이런 아들의 행동이 돈이 필요한 학생들의 표적이 되어 돈을 빼앗기게 된 것 같다며 내담자인 어머니는 앞으로 아들 교육을 어떻게 해야 할지 나에게 자문을 받고자 했다. 사실 아이가 돈 씀씀이가 크다든지, 선물이나 물품공세를 했다면 이런 학생들의 표적이 되는 것은 당연하다. 남의 돈을 뜯어내려고 궁리 중인 아이들에게는 돈을 많이 가지고 다니는 아이보다 더 좋은 대상은 없다.

자녀에게는 부모가 사랑은 많이 주되, 부족하게 키워야 자녀가 바르게 자란다. 나는 내담자인 어머니에게 이제부터라도 또래의 아이들과 비슷한 수준의 용돈을 주는 것이 좋을 것 같다고 말했다. 그리고 아들이 가지고 다니는 돈의 액수를 줄이고, 아이 이름으로 된 통장을 개설하라고 조언했다. 아이에게 통장을 만들어 준 뒤에는 아이 스스로가 저금하게 하고 꺼내 쓸 때는 부모에게 사전에 허락을 받도록 한다. 이런 습관은 아이가 초등 저학년 때부터 만들어 주는 것이 좋다. 아이에게 소유라는 개념을 알려주고 자신의 용돈 범위에서 절약하며 돈을 쓰게 하는 것이다.

예전에 유치원 다니는 6세 된 아이가 유치원에 다녀오면 다른 아이의 물건을 가져 와서 고민이라는 어머니가 있었다. 이 분 역시 맞벌이를 하고 있어서 아이에게 세세하게 신경 써줄 여유가 없었다고 했다. 아이가 집안에 없는 물건을 하나 둘 갖고 오자, 어머니는 아이에게 물건이 어디서 났느냐고 물었단다. 그럴 때마다 아이는 친구가 줬다고 하니 살짝 의심스러웠으나 새로 간 유치원이니까 아이들이 친하게 지내자는 의미로 주었나 보다 생각했단다.

그러던 어느 날, 주말에 여러 가족과 함께 주말농장을 가게 되었는데 어머니는 아이가 다른 친구의 물건을 주머니에 넣은 것을 목격했다. 그 즉시 아이를 조용한곳으로 데려가 야단을 치면서 그간의 일들이 죄다 훔친 물건임을 알게 되었단다. 이때부터 어머니는 사태의 심각성을 인지하여 나와 상담을 통해 앞으로 어떻게 아이를 지도해야 할지 물었다. 이런 경우 훔치는 일이 반복되지 않도록 아이를 세심하게 관찰하고 지도해야 한다.

일반적으로 아이가 도벽을 하는 경우는 애정결핍 때문이다. 맞벌이 부부는 총체적으로 아이와의 상호작용하는 횟수나 시간이 적다. 그렇기 때문에 아이 입장에서 늘 엄마나 아빠를 그리워하게 된다. 이런 아이는 그리움과 애정결핍으로 인해 순간 자극적인 경험을 하게 되면 그 행위에 몰입하게 된다. 아이가 훔칠 때의 그 긴장감을 즐기게 되면 중독되기 때문에 어느 때보다 각별한 애정과 관심을 가져야 한다. 이때 사랑하다고 말하고 스킨십을 자주하는 것이 좋다. 만약 심하게 아이를 혼내거나 체벌한다면 아이는 부모 몰래 물건을 훔치려고 할 것이므로 좋은 방법이 아니다.

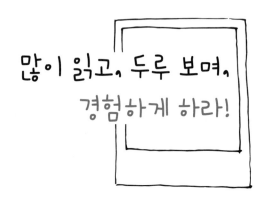

많이 읽고, 두루 보며, 경험하게 하라!

'책 속에 길이 있다'는 말이 요즘은 구시대적 발상으로 느껴질 때가 많다. 요즘 부모들은 생각하고 사고하는 사고형 에너지보다는 일단 행동하고 실행하는 행동형 에너지가 더 많은 것 같다. 언뜻 보기에도 행동형 에너지가 역동성이 있는 것 같아 좋아 보인다. 그러나 많은 부모들이 아이들과 함께 시행착오를 겪으면서 후회하는 모습을 볼 때마다 마음이 아프다.

안중근 의사의 인격이 '다독(多讀)'에 있다고 말할 정도로 책을 많이 읽은 인물이다. 그는 책을 읽고 글을 쓰는 게 일상이었다고 한다. 안중근 의사는 사형 집행일을 2주일 앞두고 있을 때에도 《동양평화론》의 서문을 쓰고 있었다. 그는 책의 완성을 위해 일본 정부에 집행일 연기를 요청했는데, 그의 뜻을 높이 헤아려 사형집행을 늦췄다는 일화가 있을 정도다.

이번엔 솔로몬의 경우를 살펴보자. 이스라엘의 가장 위대한 왕으로 추앙받는 솔로몬은 스물한 살에 왕이 되면서 지혜로운 왕이 될 수 있는 방법을 알려달라고 신에게 기도했다. 그러자 신은 남의 말을 잘 듣는 것이 방법이라는 답을 주었다. 그 후 솔로몬은 말하는 것보다 듣기를 열심히 했고, 이후 백성들로부터 지혜의 왕이라는 칭송을 받았다.

현실적으로 여러 사람들을 직접 만나 얘기를 듣는 일은 물리적으로 제한이 많다. 그래서 많은 책을 통해 여러 저자들과 대화를 하고 소통을 해야 한다. 특히 책을 읽지 못하는 아이들에게는 책 읽어주기를 매일 일과처럼 하는 것이 좋다. 단, 아이가 좋아하는 책으로 시작해야 하며, 가능한 전집보다는 낱권을 구입해 읽어 주는 것이 좋다.

이따금 아이에게 책을 읽어주고 나서 "이 책의 주인공은 누구일까?", "누가 제일 처음에 나왔어?", "누가 좋은 사람이고 누가 나쁜 사람이야?"와 같은 질문을 하며 답을 요구하는 부모들이 있다. 이렇게 하기보다 책에 몰입할 수 있도록 책 속에서 얻는 순수한 재미나 상상의 나래를 펼치는 기회로 삼는 것이 좋다. 차라리 책 내용을 가지고 아이와 이야기를 나누고 싶다면 "땅의 깊이는 얼마나 될까?"라든가 "네가 주인공이라면 어떻게 했겠니?"와 같은 호기심과 상상력을 자극하는 개방형 질문을 하는 게 바람직하다. 책을 통해 호기심을 키우는 것은 아주 중요한 일이기 때문이다.

뉴턴Isaac Newton은 만유인력의 법칙을 발견하기까지, 그는 사과나무에서 사과가 하늘로 날아가지 않고 왜 땅으로 떨어지는지에 대한 의문과 호기심을 품고 연구를 시작했다. 또, 레이더의 핵심 부품을 연구하고 있던 스펜서Percy Spencer는 실험실이 더운 것도 아닌데 바지 주머니 속의 초콜릿이 녹은 것에 호기심과 의문이 생겨 연구를 시작했다. 그 결과 전자파가 마찰열을 발생시켜서 음식을 익힌다는 것을 알아냈다. 우리가 쓰고 있는 전자레인지의 발명은 이렇게 이루어졌다.

여기서 잠깐 생각해 보자. 한편에서는 우리의 교육문화를 '학습지 문화'라고 걱정하며 한탄한다. 학습지로 아이들의 지식을 구성한다는 것은 위험한 일이다. 아이들이 체험을 통해 원리를 찾아가는 공부법은 사실상 상당히 긴 시간이 걸린다. 그러므로 어려서는 학습지에 많은 시간을 매달리게 하지 말고 체험을 통해 살아있는 지식을 서서히 아이가 발견하도록 체험 위주의 교육과정을 제공해야 한다.

만약 맞벌이 부부이기 때문에 주중에 시간을 내기가 어렵다면 주말을 적극적으로 활용하는 것도 좋다. 예를 들어 중앙박물관에 간다고 하자. 아이들과 박물관을 대충 둘러보고는 고려청자와 이조백자에 대해 모두 알았다는 듯 이벤트 노트에 도장만 찍을 것이 아니라, 아이와 적극적인 상호교류를 통해 더욱 의미 있는 시간으로 만들어야 한다.

즉, 박물관을 단 한 번의 방문으로 모든 역사와 지식을 알려고 하기보다는 오늘은 삼국 시대 혹은 이조 시대에 대해 함께 알아보고 이 시대의 사회 문화적 배경 지식에 맞는 유물 등에 관해서 자세히 살펴보는 것이 좋다. 또한 아이와 함께 박물관을 둘러보다가 전시실 설명문에 어려운 단어가 눈에 띄면 쉽게 풀이해 준다. 혹시 자녀가 형제라면 큰아이에게 설명을 시켜본다. 큰아이가 설명해 준 것이 막내아이에게 쉽게 납득되었다면 큰아이를 칭찬해 줄 수 있는 절호의 기회가 된다.

견학 후에, 기억을 되살려 몇 가지 질문에 막내아이가 대답을 잘 했다면 이번에는 막내아이가 칭찬받을 수 있는 좋은 기회가 될 것이다. 이런 박물관 견학과정이라면 아이는 부모와 함께 즐거운 시간 보낸 것과 동시에 칭찬을 받는 의미 있는 날이 된다.

박물관이 싫다면 동물원에 가보는 것은 어떤가? 어느 가정이나 동물원을 한번만 가는 집은 없다. 문제는 여러 번 가도 똑같은 방법으로만 체험을 하고 오는 것이다. 잘못된 동물원 관람의 한 예를 살펴보자.

어느 한 가족이 이른 아침부터 온 식구가 김밥을 싸서 동물원으로 향한다. 입구에 들어가는 순간부터 동물들을 대충보고는 동물 우리 앞에서 기념사진을 찰칵 찍는다. 그런 다음 나무 그늘 아래에서 도시락을 먹고, 차가 밀리기 전에 서둘러 동물원을 빠져나온다. 이러한 동물원 관람기는 동물에 대한 예의도 아닐 뿐더러 아무것도 남지 않은 체험이 될 수밖에 없다.

위와 같이 동물원을 관람하고 난 뒤 아이에게 동물원에서 보고 느낀 점을 그려 보라고 하면 어떨까? 아이는 한참을 고민하다가 동물 관련 책을 놓고 베껴 그리거나, 엄마에게 밑그림 그려달라고 조르기 일쑤다. 왜 이렇게 된 것일까? 바로 견학 과정에 문제가 있었기 때문이다.

동물원을 관람할 때에는 아이와 의논하여 "오늘은 코끼리와 기린만 보고 오자"라고 정하고 그 동물들만 집중해서 보고 오는 것이 좋다. 그러면 이야기는 많이 달라진다. 집으로 돌아와 아이가 그린 코끼리 그림만 살펴보더라도 변화를 느낄 수 있다. 아이가 동물원에서 무엇을 보고 느꼈는지 그림에 다 나와 있는 것이다.

동물원에서 아이가 코끼리만 집중적으로 관찰했을 경우를 살펴보자. 아이는 코끼리 우리 근처에 돗자리를 펴놓고 김밥을 먹으면서 코끼리의 여러 모양새를 관찰한다. 코끼리의 넓적한 귀를 관찰하면서 파리나 벌이 코끼리 귀에 붙으면 어떻게 귀가 움직이는지 가만히 지켜볼 것이다.

만약 아이가 코끼리에게 먹이를 던져주었다면 코끼리의 기다란 코가 먹이를 돌돌 말면서 입으로 들어가는 장면을 아이의 눈으로 보았을 것이다. 이때 아이의 머릿속에는 코끼리 코의 생김새와 움직임 쓰임까지 생생하게 기억된다.

이후 아이는 집에 돌아온 뒤, 코끼리 코의 표현을 여러 층으로 나누어 무지개 색으로 화려하게 색칠한다. 이 아이의 경우 코끼리 코가 굽혔다 펴지는 모습을 다양한 색으로 알리는 것이다. 이러한 코끼리 코의 무지개 색깔 표현은 아이들의 재미나고 참신한 발상일 수 있다. 체험으로 얻는 일이 무궁무진하다는 증거이기도 하다.

만약 아이가 코끼리의 코 색깔을 몸 색깔과 똑같은 색으로 칠했다면 코끼리 코의 다양한 각도의 움직임을 포착하지 못한 것일 수 있다. 이렇듯 모든 개념을 경험으로 체득하는 것에는 한계가 있겠지만 몸으로 직접 겪으면서 알게 된 지식일수록 오래간다.

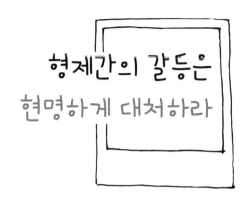

형제간의 갈등은
현명하게 대처하라

  형제나 자매, 또는 남매 관계에서는 부모의 사랑을 독차지하기 위한 쟁탈전이 불가피하다. 그래서 형제간에 싸우는 일은 다반사이며, 시샘과 질투로 인해 아이들이 토라지는 정서는 당연한 일로 받아들여야 한다.

어떤 가정이든 첫째 아이가 동생이 태어났을 때 겪는 위기감으로 혼란을 경험한다. 첫째는 동생이라는 존재는 자신의 영역에서 침입자라고 여기는 것이다. 그러나 대부분의 아동들은 동생에게 상당한 흥미와 애정을 보이기도 한다.

문제는 첫째 아이가 일시적인 혼란을 겪으면서 동생이 없었으면 하는 생각을 할 때이다. 그러면서 틈만 나면 동생에게 해코지하려 든다. 이때 사실상 부모의 미움을 많이 받게 되는 것이다.

돌아보면 나도 걸핏하면 싸웠던 아들 둘을 어떻게 키웠는지 모르겠다. 그중에서도 "엄마는 우리 중에 누구를 더 사랑해요?"라고 물으면서 두 아들이 대립할 때 가장 진땀을 흘렸던 것 같다. 특히 젖을 먹이느라 막내아이를 안고 있거나 목욕을 시킬 때 큰아이를 조용히 시키거나 주의를 주는 일들이 반복되었다. 이때의 생활은 큰아이에게 동생이란 존재를 어느 날 '평온한 집안에 쳐들어온 침입자'로 인식시켰던 것 같다. 동생에게 엄마를 뺏겼다고 생각한 큰아이는 간간히 일도 많이 저질렀다. 막내에게 줄 우유를 타고 있으면 엄마의 눈을 피해 동생을 괴롭혔고, 우유를 먹으면서 가까스로 잠이 들려는 찰나에 젖병을 확 빼서 깨우는 일이 다반사였다. 동생 얼굴 위에다 쿠션을 놓고 그 위에 앉아 있다가 몇 번을 혼났는지 모른다. 큰아이는 동생 때문에 뭔가를 나눠야 하고 양보를 해야 할 때면 언제나 내 곁에 와서 이렇게 말하곤 했다.

"엄마가 동생을 낳은 건 정말 실수한 거야!"

그 시절을 떠올리면 속상했던 기억이 정말로 많다. 지금이야 이 글을 쓰면서 웃음이 피식 나오지만 그 당시에는 얼마나 걱정을 했는지 모른다.

많은 문헌들이 형제간의 싸움은 너무나도 자연스런 과정이라고 말한다. 어려서 많이 싸운 형제들이 자라서 친사회적인 성향을 더 나타낸다는 보고서도 있다. 이제야 생각해보니 그 말은 정말 맞는 말이다. 두 아들은 초등학교 시절 내내, 중학교에 가서도 가끔씩은 싸웠다. 그런데 큰아이에게 여자친구가 생겨 많은 에너지를 이성교제에 쏟기 시작하면서 상황이 달라졌다. 그때부터 큰아이는 동생과의 싸움이나 다툼을 아주 촌스러운 일로 여기는 듯했다. 큰아들의 변화를 보면서 조물주가 부모들이 지루해 할까봐 아이들을 통해 발달과제를 바꿔주는 게 아닐까 하는 생각이 들었다.

끊이지 않는 형제간 싸움을 해결하고 싶다는 내용은 자녀문제 상담에서 단연 1위를 차지한다. 수많은 강연회에서도 질문시간에는 형제간 싸움이 1등 단골메뉴다.

결론부터 말하자면, 형제간 싸움은 무시하면 된다. 무시하는 데도 물론 방법이 다 있다. 일단 서로에게 화가 나 있는 아이들에게 각자 억울한 것을 말하게 한다. 순서는 큰아이부터 말하게 하는데, 이때 엄마의 태도가 무척 중요하다. 큰아이가 얘기할 때 싸움의 원인을 판단해서는 안 된다.

예를 들어, "형인데 그만한 일로 동생 머리를 때리면 어떡해?"라든지 "형이 돼서 그 정도도 동생한테 양보 못해?"라고 타박한다면 아이들은 '엄마가 내 얘기에 동조하지 않고 있다'라고 느끼면서 더 이상 말을 하지 않으려 한다. 아이가 억울한 것을 말할 때 엄마는 그냥 진지하게만 듣고 있으면 된다. 동시에 표정은 '네가 몹시 속이 상했겠구나'하는 표정을 지어주자. 큰아이의 말이 끝나면 바로 막내에게 묻는다. 막내 역시 자기가 더 억울하다고 하소연을 할 것이다. 방법은 큰아이 때와 같다. 무척이나 진지한 태도로 들어만 주면 되는 것이다. 이때도 이런 말이 튀어나오지 않도록 조심해야 한다.

"너는 동생이 돼가지고 형한테 그렇게 하면 어떡해! 형이 화가 나겠어, 안 나겠어?"

"듣고 보니 네가 잘못했네. 형에게 맞아도 싸다."

이렇게 판정내리는 말은 절대 금물이다. 그냥 들어주자. 내심 누가 더 잘하고 누가 더 잘못했는지 느낌이 와도 엄마는 판정을 내리는 말을 해서는 안 된다. 두 아이의 이야기를 다 듣고 난 후에는 이렇게만 말하면 된다.

"그래, 엄마가 들어보니 형도 속이 많이 상했겠고, 막내도 많이 억울했겠다. 그런데 어쩌지? 엄마는 누가 더 잘못했는지 모르겠어. 둘이 방에 가서 좀 더 생각해보고 정말 잘못한 사람이 미안해라고 말하면 될 것 같아. 둘이 방에 가서 화해하렴." 그러면 십중팔구 1분도 채 안 돼서 해결을 보곤 했다. 물론 이때 엄마가 잘잘못을 명명백백하게 가려줄 수도 있지만 이런 경우 '잘 모르겠다'며 모르쇠로 일관하면 아이들끼리 해결방법을 연구하게 된다. 앞서 언급했던 싸움은 무시하라는 말은 엄마가 판정을 하지 말라는 의미인 것이다. 아이들끼리 해결을 보게 하기 위해서 각자의 얘기를 열심히 들어주기만 하면 거의 95퍼센트는 그들 안에서 해결이 된다. 만약 부모가 판정을 내렸는데 그것이 잘못된 판정이었다면 아이가 자라는 동안 내내 "우리 엄마는 형만 좋아해" 아니면 "우리 엄마는 동생 말만

들어"라는 말을 듣게 될 것이다. 형제간에 싸움이 났을 때는 문제를 가진 자가 문제 해결자가 된다는 것을 유념하도록 하자.

무조건 큰아이만 야단치는 집은 거의 큰아이가 주눅 들어 있거나 소심해져서 걸핏하면 눈물부터 보인다. 그뿐인가? 동생은 호시탐탐 형을 괴롭히고 엄마에게 고자질하는 나쁜 습관까지 갖고 있다. 반대로 큰아이에게 막강한 권한을 주고 동생은 무조건 형 말을 따르고 듣게 하는 집도 문제가 있기는 마찬가지다. 형이 리드를 잘하면 문제가 없겠지만, 동생이 몹시 억울한 일을 당할 수 있기 때문이다.

흔히 부모들은 큰아이에게 이렇게 말한다.

"동생은 아직 아기잖아."

"너는 형이 돼서 왜 이러니?"

그 말을 듣고 자라는 세상의 맏이들을 대신해 내가 한마디 하고 싶다.

"큰아이도 아직 어린아이인 건 마찬가지예요."

그리고 형제간에 야단칠 일이 있을 때는 동생이 보는 앞에서 큰아이를 나무라거나 야단치는 일을 가급적 삼가자. 동생이 형을 우습게 볼 수 있기 때문이다. 또한, 큰아이에게 동생을 잘 다스릴 수 있도록 되도록 많은 권한을 주자. 큰아이의 위상이 망가지지 않도록 노력한 부모는 후에 '위계가 있다'는 말을 듣게 될 것이다.

6장

아이의 성교육과 절제력, 어떻게 교육해야 할까?

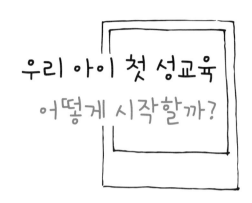

우리 아이 첫 성교육
어떻게 시작할까?

세 살 정도만 되면 아이는 성에 대해 관심을 보이기 시작한다. 소꿉놀이도 하고 블록 쌓기도 하면서 남녀를 가리지 않고 같이 논다. 성교육은 넓은 의미에서 아이가 자신의 성에 만족하고 남녀의 차이를 존중하도록 가르치는 것이다. 이런 의미심장한 교육을 어릴 때부터 할 수 있냐고? 그렇다. 가능한 일이다.

요즘은 연령별 성교육 강사도 전문화 되어 있다. 적절한 시기에 올바른 성지식을 갖추도록 해주어야 아이가 성추행과 성폭행 등에 적절히 대처할 수 있다.

어느 유치원 교사로부터 들은 이야기인데, 어떤 아이들은 늘 정해진 소그룹 놀이에서 함께 보건놀이를 한다고 한다. 아이들은 주사기를 들고 은밀한 곳에서 커튼을 치며 논다는 것이다. 이때 아이들은 서로 엉덩이에 주사를 놓고 그 자리를 호호 불어주면서 노는데, 이것이 일종에 성적인 놀이가 아닌가 하며 유치원 교사는 나에게 고민을 토로했다.

이때 교사는 얼굴을 붉히며 아이를 나무라거나 혼내지 않아야 한다. 아이들이 일상적으로 다른 것에 호기심을 나타내듯 성에 대해서도 궁금한 것을 놀이화시켜서 행동을 한 것이다. 지나치게 혼내거나 당황해 한다면 아이에게는 성이란 부끄러운 것이며, 선생님을 곤란하게 하는 것이라고 생각하게 된다. 그렇게 되면 아이들은 자신들이 잘 안 보이는 곳을 찾아서 더 은밀하게 놀려고 한다. 그렇게까지 진전되지 않으려면 보건놀이보다 더 신나고 활동적인 놀이를 찾아서 교사와 함께 놀 수 있도록 해야 한다.

또 흔하게 아이가 하는 질문으로 "엄마, 난 어떻게 태어났어?"하고 물었을 때 "별을 따다가 만들었지" 아니면 "배꼽에서 나왔지"하는 식으로 잘못된 성 지식을 심어주는 것은 옳지 않다.

3세나 4세 아이에게는 정자나 난자 얘기 없이 "엄마 배 안에서 아기가 자라는데 다 크면 의사 선생님의 도움을 받아서 세상에 나오는 거야"라고 하면 된다. 5세나 6세의 경우에는 "엄마 배 안에 아기집이 있는데, 그곳에서 아기가 자라고 있다가 다 크면 엄마 몸 밖으로 나오는 거야"라고 설명할 수 있다. 이때 성 지식을 바탕으로 정확한 용어를 사용해야 하므로

'고추'나 '잠지'라는 말보다 눈, 코, 입처럼 생식기 명칭으로 말한다. 즉 '음경', '고환', '자궁' 등으로 정확한 명칭을 말해 준다.

남자와 여자의 차이에 대해 얘기해 줄 때도 차이는 설명하되 차별을 두어서는 안 된다. 즉 아이가 "엄마, 난 왜 고추가 없어?"라고 한다면 "넌 여자니까 없지"라고 하기보다는 "이 세상엔 남자와 여자가 있는데 남자에게는 음경이 있고, 여자에겐 음순이 있단다. 각기 다른 성기 모양을 가지고 태어나기 때문에 다른 거야." 라고 말하면 남녀의 차이를 쉽게 이해할 수 있다.

혹시 어머니가 아이 기저귀를 갈아줄 때마다 "에고, 고추하나 달고 나오지. 섭섭하게"라고 한다면 그 아이는 타고난 성에 대해 불만을 갖게 된다. 큰아이가 동생의 성기를 만지고 노는 것을 목격 했을 때도 너무 호들갑을 떨거나 심하게 아이를 야단친다면 죄책감을 느끼게 되므로 금물이다. 일단 이런 경우는 다른 놀이로 유도하면 모든 일이 해결 되며 아이를 심심하게 방치하지 않는 것이 최상이다.

요즘 뉴스를 보면 어린 아이까지도 성폭행과 성추행에 자유롭지 못하다. 어린이 성폭행을 예방하기 위해서 기본 교육이 필요하다. 자신의 몸의 주인은 자신이며 속옷 안은 남이 함부로 만지게 해서는 안 되는 점을 강조하고 어떤 누구라도 원치 않는 접촉을 해올 때 단호하게 "싫어요. 안 돼요."라고 거부하는 것을 알려주고 바로 꼭 부모한테 말하라고 가르쳐야 한다.

아이가 8세 정도가 되면 성에 대한 진지한 대화가 가능하다. 성에 일찍 노출된 아이들에게 낭시 석셜한 성에 대한 시노가 없다면 왜곡된 성 지식을 갖기 싶다. 이것은 위험한 일이 아닐 수 없다.

예컨대, PC방에서 어른 어깨 너머로 많은 초등 3학년생들이 함께 우르르 야동을 봤다고 하자. 실제로 야동에 나오는 남녀의 왜곡된 성기의 모습은 사실상 있을 수 없는 일이다. 포르노의 상업주의와 왜곡된 성에 대해 희석해 줄만한 과정이 없이 아이들이 PC방에서 본 영상을 진짜로 알고 성장한다면 어른이 되어서도 부적절한 성생활을 할 수 있다는 보고가 있다.

아이에게 사춘기가 찾아올 무렵 성에 대해 흥미를 보이기 시작하면 아동용 성교육 교재를 함께 보면서 성에 관해 자연스럽게 이야기를 하는 분위기가 필요하다. 이때 성에 대해 제대로 인식한 사춘기 아이들은 그 이후 잘못된 성 정보를 접하더라도 성적 유해환경에 그대로 노출될 위험이 적다.

사춘기에 성에 대한 대처능력을 알아내기 위해서 영화에서 에로틱한 장면이 나왔다면 영화가 끝난 뒤에 이런 대화가 가능하다. "만약 너라면 빈 집에서 여자 친구와 어떻게 하겠니?" 또는 "부모가 늦게 들어온다고 하면 넌 어떤 행동을 하겠니?"라고 대화를 유도한다. 아이에게 "손 정도야 잡을 수 있지 뭐!", "그럼 뽀뽀는?"하는 식으로 상황을 만들어 얘기하면 아이의 성 지식과 성 의식의 현주소를 파악할 수 있게 된다.

아이에게 성에 대해 솔직하게 알려주되, 그에 따른 모든 책임과 함께 성에 대한 절제에 대해서도 가르쳐야 한다. 예를 들어, "미혼모는 아버지 없이 엄마 혼자 아이를 키워야 하는데 넌 어떤 생각이 드니?", "아빠 없이 아이를 키우는 게 힘들어서 배 안에 있는 아이를 없앤다면 살인이 될 수도 있는데, 만약 너 같으면 어떻게 하겠니?"라고 하면서 성과 관련된 가치관을 정립 할 수 있도록 대화로 이끌어 줘야 한다.

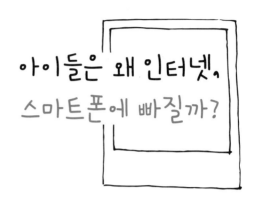

아이들은 왜 인터넷, 스마트폰에 빠질까?

　　요즘 아이들은 식구들과 외식을 나가도 휴대폰만 들고 간다고 한다. 부모들은 아이가 가족과 서로 눈도 마주치지 않으며, 대화도 없다고 걱정이 많다. 게다가 거북목 증후군이 생기기 쉬워 건강에도 적신호가 깜박일 정도다.

최근 중독이라고 하면 약물중독, 물질중독의 개념을 넘어 도박, 인터넷, 게임, 스마트폰에 이르는 행위 중독behavioral addiction개념으로 확산되고 있다. 가정 내에서 건강한 사용 습관을 가지지 못한다면 중독으로 까지 가는데 그리 많은 시간이 걸리지 않는다.

어느 한 통계에 따르면 인터넷과 스마트폰 과의존 위험군에 해당하는 우리나라 청소년이 20만 명이 넘는다고 한다. 초등학교 위험군의 수가 해마다 늘어나고 있어서 과의존 위험군 연령이 점점 낮아지고 있는 것이다. 즉, 초등학교 시절에 나름 엄격한 규칙이나 건강한 습관을 가지고 있지 않아서 통제 불능이라면 그것은 곧 중독으로 가는 것이다.

아이가 인터넷 게임, 스마트폰을 너무 많이 한다며 상담을 신청하는 엄마들이 늘고 있다. 음란물 사이트에 접속한 사실을 알았는데 어떻게 해야 할지 모르겠다는 엄마도 있고, 아이가 채팅을 하며 보내는 시간이 많아서 학습에 집중하는 시간이 절대적으로 적다고 걱정하는 엄마도 있다.

성적이 상위권이던 한 학생은 고2 때 우연히 PC방에서 게임을 하게 되었는데, 그때부터 성적이 곤두박질치기 시작했다. 나중에는 자율학습 시간에도 학교를 빠져나와 PC방으로 달려갔고, PC방 갈 돈이 부족해지자 학원비까지 게임을 하는데 썼다고 한다. 치료에 들어가기 전에는 아이가 우연히 게임에 빠진 것인지, 내면에 다른 이유가 있는지를 먼저 파악해야 했다. 이러한 경우 시험에 대한 불안감 때문에 게임에 빠지는 경우가 많기 때문이다. 혹은 어릴 적부터 충동조절이 잘 안 되었는지, ADHD의 병력이 있었는지, 우울한 집안 분위기 때문에 게임을 은신처로 여긴 것은 아닌지, 사회성 부족으로 컴퓨터와 더 가깝게 지내는 것은 아닌지, 상위권 학생이지만 성적을 더 올려야 한다는 중압감에 게임에 몰입하는 것은 아닌지를 알아봐야 하는 것이다.

앞서 언급했던 고2 학생은 굉장히 모범생이었다. 그러나 스스로 인터넷 게임 중독에서 벗어나겠다는 의지가 부족해서 심각한 단계로 발전한 경우였다. 거짓말을 하고 학원비를 게임하는 데 쓰면서 죄책감에 시달렸는데, 그런 현실에서 도피하려고 더욱 게임에 빠져들었던 것이다.

그렇다면 아이가 게임중독 성향을 보인다면 어떻게 해야 할까? 아이에게 윽박지르고 무조건 못하게 하기 보다는 먼저 상황을 이해하고 아이가 굴레에서 벗어날 수 있는 자구책을 마련해서 적극적으로 도와야 한다. 전문가의 도움을 받아서 서서히 절제하는 방법을 찾는 것도 좋다. 2박 3일 과정의 치유캠프에 등록하는 것도 좋은 방법이다. 물론 가족치유 캠프이므로 같이 체험을 하는 것이 좋다. 어떤 어머니는 치유 캠프를 통해 초등 4학년 딸이 왜 미디어 사용에 열광했는지 이유를 알게 되자 많은 문제가 해결되었다고 한다.

치유캠프에는 2박 3일 동안의 프로그램 속에 집단상담, 부모교육이 있고 숲 체험, 해양체험, 천문체험을 하는 활동이 있다. 물론, 치유 프로그램이므로 가족 역할극도 한다. 그곳에서의 경험으로 개선된 사람들은 사후관리를 잘 할 수 있도록 모임을 통해 지속적으로 지원해 주고 있어 치유의 효과를 높이고 있다.

눈에 두드러진 효과라면 청소년들 스스로가 자기 관리 능력을 키울 수 있다는 점이다. 그러기 위해서 집단 상담이나 부모교육을 통해 부모와의 의사소통 능력도 좋아지고 개선되어 아이가 가진 우울감에도 변화를 즉각적으로 보게 된다. 아이 혼자서 중독으로 갈 수는 없다. 그 원인이나 해법을 찾아주는 프로그램이 많이 있다. 물론, 이런 과정이 많은 시간과 경비, 마음 쓰기를 해야만 가능해진다.

다시 말하지만, 모든 병은 치료보다 예방이 중요하다. 만약에 아이가 지나치게 인터넷과 스마트폰에 몰입한다면, 우선 주변의 구체적인 중독, 피해 사례를 들려주면서 스스로 절제하도록 가르치자. 그리고 아이가 스스로 절제하는 것이 어렵다고 판단되면 얼마 못가서 심각한 중독이라 할 수 있으므로 전문가를 찾아가 상담을 받는 것이 좋다.

스마트폰을 통해 우리는 교육, 예술, 소통, 창작도 가능하다는 평가를 하며 스마트 시대의 주인되자고 격찬한다. 그러나 스마트폰이라는 편리하고 획기적인 기계가 누구에게나 득을 주는 것은 아니다.

IT 전문가 니콜라스 카Nicholas Carr는 스마트 시대에 모든 정보를 쉽게 얻을 수 있지만 사람은 점점 멍청해진다고 말했다. 다시 말해 요즘 아이들은 검색을 해서 알고자하는 것을 찾고 이해하는 능력의 뇌는 무척 발달할 수 있지만, 생각하는 뇌는 서서히 지워져 버리고 있다는 말이다.

혹자는 거북목 증후군이 무서운 것이 아니라 인터넷이나 스마트폰에 빠진 아이들이 사람과의 소통으로 마음 따뜻함을 모르고, 사람과의 눈빛 소통의 의미를 잃어버리는 것이 더 심각한 병이라고 한다. 이런 행위중독은 결국 행위로 치유해야 한다. 뭔가에 빠져있는 아이에게 단순히 "그만해"라고 해서 부모 말에 따를 아이가 몇 명이나 될까? 중독될 만큼의 어떤 것보다 더 신나는 일을 해야 그 중독에서 빠져 나올 수 있다. 그것은 몸으로 하는 체험이 최고다. 가족 산행, 가족 나들이, 가족 약수터 체조, 가족과 함께 여가시간 찾기, 가족 캠프, 수로 야외 활동을 정기적으로 하는 가정은 이런 중독에서 벗어날 수 있다고 믿는다. 신체적이고 행위적인 것을 체험한 다음에는 도서관 탐방, 마을문고 정기적으로 가기, 책방 가기, 책 읽고 자기생각 말하기 등과 같은 활동을 추가적으로 실행하기를 바란다.

아직 우리 아이는 중독 수준까지는 아니라고 여기는 집이 있다면 최대한 스마트폰을 쓰는 시기를 늦추는 것이 좋다. 따뜻한 대인관계를 통해 정서적 안정을 우선시 하고, 스마트폰 허용 장소는 거실 등 열린 공간으로 하되, 시간은 1회 20분 정도로 한다. 시간 종료가 되면 아이가 좋아하는 활동이나 놀이를 허락하여 절제한 아이가 성취감을 느낄 수 있도록 세심한 배려를 한다.

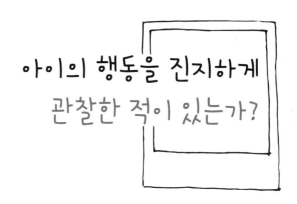

아이의 행동을 진지하게 관찰한 적이 있는가?

 미국에서 석사 과정을 공부했을 때, 나는 한 학기 동안 병설 유치원으로 교생 실습을 나간 적이 있다. 예비교사가 되어 유치원의 일과를 체험하면서 아이들에게 통합교육 프로그램이 어떻게 이루어지고 있는지를 살펴보게 되었다. 그 당시 나는 우리나라 교육 현실이 안타까우면서도 미국의 통합교육 프로그램을 받는 아이들이 부러운 생각이 들었다.

내가 참여하게 된 미국의 병설 유치원에서는 아이들에게 먼저 물고기 관련 노래를 들려주고 그림책을 보여주었다. 그런 뒤에는 자유 시간을 주고 물고기 책을 보고 탐색을 하게 했다. 그 후에는 근처의 슈퍼마켓으로 아이들과 견학을 갔고, 생선 코너에서 많은 종류의 생선을 구경했다. 슈퍼마켓에서는 아이들이 물고기를 만져볼 수 있도록 준비도 해놓았다.

아이들은 물고기를 만져보고 냄새도 맡으면서 아주 재미있어 했는데, 어떤 아이는 생선 눈을 직접 찔러보기도 했다. 현장 활동이 끝나고 돌아올 때는 구경했던 물고기를 사가지고 돌아왔다. 그리고 유치원에 돌아와서는 파란색 물감을 물고기 비늘에 묻혀 종이에 찍어 보는 미술 수업을 진행했다. 이렇게 물고기에 대한 통합교육 프로그램이 이루어 진 것이다.

실용주의 교육학자이기도 했던 듀이는 '행하면서 배운다Learning by Doing'라고 말했다. 아이들은 끊임없이 뭔가를 하면서 구체적인 체험을 통해 배운다는 뜻이다. 법정 스님의 '행함 뒤에 깨달음이 있다'라는 말도 같은 맥락으로 이해할 수 있다.

듀이는 행함철학의 실천을 위해서 어려서는 아동중심 교육으로 아동흥미에 맞는 활동에 집중해야 교육효과를 얻을 수 있다고 주장했다. 또한 그는 생활을 떠난 교육은 구체적으로 생각할 수 없다고 했다. 오로지 교육은 생활을 위해 있고, 참된 교육이란 생활을 통한 교육이라는 것이다. 그래서 한 사람의 교육수준을 알고 싶다면 생활하는 모습을 지켜보라고 했다. 교육수준이 생활상에 그대로 드러날 것이라는 의미다.

이따금 상담을 하다가 아이를 바로 옆에 두고도 지나치게 평가 절하하는 발언을 서슴지 않는 부모들을 만난다.

"교수님, 우리 애가 정상이라면 저러지 않겠죠?"

"우리 아이 같이 못 말리는 애는 처음 보실 거예요."

"도대체 누굴 닮았는지 속 터지는 행동만 해요."

부모들이 내게 한 말처럼 어쩌면 아이들의 모습이 모두 사실일 수 있다. 그래서 상담을 하러 왔을 테니까. 하지만 설령 그렇더라도 마지막까지 아이에게서 기대를 저버리지 말아야 할 사람이 부모들이다. 앞으로 바뀔 수 있는 여지가 무궁무진한 아이를 부모가 먼저 포기하면 안 된다.

교육은 성장을 추구하지만 그 끝의 한계가 없다. 우리 아이들을 끊임없이 성장할 수 있는 사람으로 키우려면 일생 동안 학습가능 한 가정 내 분위기와 아이의 의욕을 북돋아줘야 한다. 매 순간을 엄마의 단편적 식견으로 아이의 장래를 단정 지어 말해서는 안 된다. 한 인격체의 성장과정으로 인정해주면서 칭찬하고 격려하며 용기를 줘야 한다. 아이에게는 그 모든 것들이 성장과정 속에 있기 때문이다.

듀이가 강조하는 것 중에 '교육은 경험의 재구성'이라는 말이 있다. 과연 무슨 뜻일까? 궁극적으로 교육의 목적은 변화에 있는데, 변화의 종류에는 외형적으로 나타나는 행동일 수도 있고, 내면적으로는 사상과 감정, 태도, 의지 등의 변화를 말하기도 한다. 듀이는 경험 Experience을 두 개의 특이한 결합으로 보았다. 그것은 '시도하다 Trying'와 '겪는다 Undergoing'의 결합이다. 긍정의 의도로 '시도하다'와, 싫지만 할 수밖에 없는 '겪는다'의 결합은 부정적인 것을 극복하는 과정으로, 우리를 성장시키고 변화시킨다. 즉, 어떤 일에도 만만한 과정이 없다는 뜻이다. 좋은 일과 괴로운 일을 같이 경험하면서 우리는 인내를 배우고 그 분야의 전문성도 다져나가는 것이다. 아이가 이러서 겪는 경험들은 사실상 이 두 가지를 체험하며 자라는 것이다.

집에서 내내 엄마하고만 지내던 외동아이는 양보나 타협이 없다. 그래서 누구의 눈치를 보지 않고 지낸다. 이런 외동아이가 어린이집이나 유치원을 처음 가게 되는 경우를 예로 들어 보자. 이 경우 '시도하다'의 긍정적 의도는 아이의 사회성 신장이지만, '겪는다'의 상황은 아이가 원하든 원하지 않든 또래와의 싸움과 갈등을 피할 수 없는 일이다. 물론, 이 또래 아이들은 언제 싸웠냐 싶게 금세 화해하고 놀겠지만 말이다. 그러나 싸우며 갈등을 겪으며 힘들어하는 중간 과정을 피할 수는 없다. 아이 나름대로 갈등 상황을 겪고 견디는 과정을 극복해야만 새로운 생활에 적응할 수 있는 것이다. 이 지점이 바로 하기 싫지만 할 수밖에 없는 '겪는다'의 과정에 속한다.

듀이의 교육관을 실천하기 위해서 우리는 무엇부터 해야 할까? 우선, 내 아이의 본성을 제대로 파악하고 정확하게 알아야 한다. 아이를 잘 관찰하면 내 아이가 가진 장단점을 알게 되고, 본성을 알 수 있다.

상담에서 만난 한 엄마는 딸아이가 헌옷을 달라고 해서 다 낡은 추리닝 바지를 하나 건네주고, 그걸 가지고 무얼 하는지 딸의 행동을 유심히 지켜보았단다. 유치원에 다닐 때였는데, 딸아이는 많이 낡은 바지의 밑동 부분을 가위로 잘라내고는 양팔을 다리 부분에 넣고 가랑이 부분에 구멍을 내어 머리를 나오게 했다. 엄마는 딸이 초등학교에 입학하자 오후 시간에 양재학원을 보내 재단과 재봉을 경험하게 했단다.

아이가 어릴 때 어떤 것을 가지고 어떻게 노는지, 그 일에 얼마만큼 집중하는지를 보면 아이의 흥밋거리를 쉽게 찾아낼 수 있다. 진심으로 아이의 소질과 관심사를 찾아내고 싶다면 이 학원 저 학원으로 보내 뭔가를 가르치는 것부터 멈춰라. 그 시간에 아이의 노는 모습을 관찰하라. 아이의 흥밋거리를 찾아내는 데 그보다 빠른 방법은 없다. 이따금 부모는 가장 명확하고 쉬운 일을 가지고 자녀에게 엉뚱한 일을 먼저 시키고 있는 것은 아닌지 고민해 봐야 한다.

7장

우리
자녀는
행복한가?

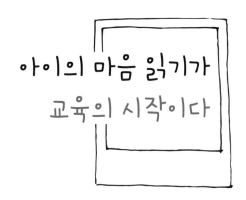

 20세기 이전의 교육관을 살펴보면 아동을 빈 그릇으로 여기는 인식이 팽배했다. 아이를 교사나 부모에 의해 무엇을 채워야 하는 존재로 여겼던 것이다. 그러다 보니 교사와 부모 중심의 일방적인 주입식 교육이 주를 이루었다. 이에 따라 가정과 학교 및 교육기관에서는 정보와 지식만을 단순히 암기시키려고 하는 교육법이 강세였다. 예컨대 아이들이 학습할 수 있을 때까지 지속적으로 반복시키는 것이 주된 학습법이다.

아이들의 학습 효과를 높이려고 시험을 치르며 등수를 매겼고, 그 과정에서 아이들의 경쟁심을 유발시키기도 했다. 이때 수준 미달의 아동에게는 필요에 따라서 체벌을 가하기도 했다. 과연, 이와 같은 교육 방식이 효과가 있었을까? 그렇지 않았다는 것을 여러분도 짐작했을 것이다. 아이들은 학습에 집중하지 못하여 꾸벅꾸벅 졸기 바빴고, 그저 멍한 눈빛으로 교사만 바라볼 뿐이었다. 어떻게 보면 아이들의 교육 상황이 더 나빠진 것이다.

이러한 교육 결과에 듀이는 학습에 흥미를 갖지 못하는 아이들을 보고 교육혁신을 고민했다. 아동이 보이는 흥미와 관심거리에서 학습을 시작해야만 그 일을 즐기면서 오래할 수 있다는 것을 발견한 것이다. 듀이는 아이가 자신이 좋아하는 것을 하고 있을 때 몰입력과 집중력이 나오는데, 그것이 아동의 능력이라고 보았다. 그가 했던 실험학교에서 여러 가지를 증명해 보이면서 미국의 교육은 점점 다른 모습을 보이기 시작했다.

즉, 교과중심의 교육과정이 아동의 흥미중심, 경험중심 교육과정으로 바뀌게 된 것이다. 아이들을 하나의 독립된 인격체로 인정하고, 하나의 무한한 잠재 가능성의 존재로 여기게 된 것이다. 아이들의 흥미와 관심을 토대로 한 경험중심 교육과정을 만들게 되었으며, 아동의 흥미와 관심거리를 찾고 생활에 도움이 되는 교과를 가르침으로써 생활이 곧 경험교육으로 직결되었다.

아마도 이 책을 읽고 있는 부모라면 유아기에 아이가 좋아하는 게 무엇인지 관심이 많은 편에 속할 것이다. 그런데 그러한 관심이 과연 자녀 교육에 좋은 영향을 끼칠지 의심해 본 적이 있는가? 다시 한 번 생각을 되짚어 보자. 아이에 대한 모든 계획이 아이의 입장에서 나온 것인지 아니면 내 마음 속에 이미 정한 답을 기준으로 설정되어 있는지를 말이다.

요즘은 아이가 초등학생인 시기에 사춘기가 찾아온다고 한다. 그래서 아이 몸에 다량의 짜증 호르몬을 잘 다루어야 한다는 엄마들 사이에 볼멘 소리도 있다.

이때는 아이 자신도 본인의 감정을 잘 파악하기 힘들다. 하지만 아이는 엉망이 되어 버린 자신의 기분을 사실상 풀어놓을 곳이 마땅치 않다. 사 춘기에 접어든 아이들은 걸핏하면 부모에게 짜증을 내는데, 부모가 '무엇 때문에 그러느냐'고 묻는 말에도 '나도 몰라'라는 말만 되풀이 할 때이다. 아이의 사춘기가 답답하지만 다른 한편으로 생각해 본다면 꼭 거쳐야 하 는 과정이니 나름의 해법을 가지면 좋다.

어떤 엄마는 슬기롭게 아이만의 시간을 갖도록 기다려 주기만 해줘도 해결이 쉽다고 한다. 이때 부모나 가정의 역할은 아이가 갖는 부정적인 감정을 표출하지 못하게 하기보다는 아이가 화를 내는 상황을 충분히 인 정해주는 것이다. 아이 나름의 방식대로 화를 발산하고 그 나쁜 감정과 기분에서 오롯이 잘 빠져나오게 도와주어야 한다. 즉, 감정교육의 길잡 이가 교육의 시작이며, 이러한 코칭은 가정에서 부모로부터 이루어져야 한다.

결국 마음이 편한 아이가 감정이 지시하는 대로 일을 잘 해결할 수 있다 는 말이다. 감정교육이야말로 그 어떤 교육보다 우선시 되어야 한다. 감정교육이 잘 이루어지려면 부모의 의견을 아이에게 최대한 줄여야 한다. 그러나 아이가 부모의 생각을 알고 싶어 할 때에는 부모의 의견을 명료하게 일러준다.

가장 중요한 것은 가정의 편안한 분위기에서 아이가 자신의 생각을 자유롭게 말 할 수 있게 하는 것이다. 아이가 하는 말이 엉뚱하고 논리가 없을지라도 최대한 공감해 주는 것이 중요하다. 자신의 의견이 존중되고 인정받은 것을 경험한 아이들은 자신이 생각한 것을 말로 당당하게 표현한다. 또한 자신감을 얻게 되어 앞으로의 삶의 목표도 분명해진다.

우리 아이들
왜 불행할까?

우리나라 청소년 행복도는 OECD 중 꼴찌라고 한다. 국제협력개발 기구의 국제학생평가 프로그램 연구 결과에 따르면, 한국 학생들의 행복도는 10점 만점에 6.36점이었다. 이러한 평가를 받게 된 주원인은 무엇일까? 바로 학교 시험과 공부에 대한 스트레스 때문이라고 한다. TV를 통해 종종 전해 듣는 뉴스 가운데 청소년이 성적 비관으로 자살까지 하는 시대이지 않은가.

그렇다면 우리 아이들은 왜 불행한 걸까? 그것은 바로 아이들이 주도적인 삶을 살지 못했다는 반증이기도 하다. 무엇보다 부모의 책임이 크다. 그런데 부모와 아이 모두 행복한 자녀 교육법은 존재하기 어려울까?

요즘 아이들은 태어날 때부터 엄마의 뜻대로 사는 것 같아 보인다. 이렇게 아이는 엄마 뜻대로 살다가 어느 날 문득 의문이 들 것이다. '나는 누구지?', '내가 왜 이걸 하고 있지?' 아이들은 특히 중학교 2학년이 되면 굉장히 방황하는 시기가 찾아온다. 이전에는 엄마가 시키는 대로 반에서 3등도 했는데, 이게 영원한 성적이 아니라는 걸 깨닫게 되는 것이다.

아이마다 수학, 미술, 체육 등 좋아하는 과목이 다르다. 엄마의 훈련이 자신에게 도움이 되면 다행인데, 그렇지 않은 아이들은 줄곧 회의적인 생각만 하다가 뒤늦게 다른 것을 하려고 해도 허락되지 않으니 다른 선택이 있겠는가? 부모라면 아이가 어려서부터 삶의 주체로 살아가도록 도움을 주고 지켜봐 주는 관찰자 역할을 해야 하는데 시작부터 잘못 된 것이다.

즉 부모가 변해야 아이도 변한다. 엄마가 먼저 바뀌어야 한다. 꼭 우리 아이가 반에서 1등을 해야 최고일까? 공부를 유독 싫어하는 아이라면 한번 잘 관찰해 보자. 하다못해 자기 방 정리를 잘한다든가 사람 만나는 것을 좋아한다든지 다른 소질이 있을 것이다. '내가 너한테 어떻게 했는데, 너는 고작 70점밖에 못 받니?' 식의 학업 중심 사상은 청소년의 행복도를 더 떨어뜨릴 뿐이다. 국어, 영어, 수학, 사회, 과학을 전반적으로 못하는 아이는 많아도 재능이 없는 아이는 없다. 따라서 엄마가 다양한 시도를 하지 않으면 안 된다. 인생에는 수능시험을 잘 봐서 좋은 대학과 좋은 직장에 가는 시나리오만 있는 게 아니다. 이렇게 똑같은 틀 안의 인생이라면 많은 아이들이 부모의 기대에 부응하지 못해 불행해질 수밖에 없다.

세상에 태어나 단 한번 뿐인 삶을 살아야 할 아이들은 분명 스스로 행복할 권리가 있다.

아이 스스로 행복할 권리

부모가 자녀의 관찰자 역할을 벗어나면 어떻게 될까? 아이는 부모에게 끌려 다니고 의지하는 삶을 살아야 하고, 부모는 끊임없이 아이의 삶을 이끌어주고 지원해줘야 한다. 부모와 자녀 모두를 불행에 빠뜨리는 악순환이 어이지는 것이다. 이러한 연결고리를 끊으려면 일찌감치 부모의 태도를 바꿀 필요가 있다.

부모가 자기중심에서 아이 중심으로 사고를 전환하고, 자율적인 아이를 키우기 위한 울타리가 되어보자. 그 과정에서 아이는 자율적이고 독립적인 주체로 자라며 스스로 행복할 권리를 충분히 누릴 수 있다. 여기서 말하는 아이의 행복할 권리란 놀 권리, 시간을 자기 맘대로 쓸 권리, 학원 안 갈 권리 등을 모두 포함한다. 다시 말해 요즘 아이들에게 권리는 없고, 의무만 있으니 우울한 것은 당연한 이치다.

뇌세포를 망가뜨리는 조기교육

2017년 통계청 조사에 따르면 초중고 사교육비 총액은 약 18조 6천억 원으로 전년보다 3.1퍼센트 증가하였다. 또한 사교육 참여율은 70.5퍼센트로 2.7퍼센트 상승했다고 한다. 우리나라 사교육에 대한 결과는 인풋에

비해 아웃풋이 약한 편이다.

우리는 사교육 문제를 이떻게 해결할 수 있을까? 여기서 우리 아이들이 사교육을 통해 정규 교육과정보다 평균 3.8배 앞서 선행학습을 하고 있다는 점에 집중할 필요가 있다. 초등학교 6학년이 중학교 3학년 과정을 공부하고 있다는 뜻이다. 그렇지 않으면 중학교에서 좋은 성적을 받을 수 없고, 이후 명문대 입학을 위한 필수 코스인 특목고, 특수고에 진학할 수 없다고 생각하는 부모들의 불안감이 낳은 기이한 현상이다. 더욱이 선행학습을 시키지 않는 부모는 '아이를 방치하는 부모'라는 어처구니없는 말까지 돌고 있으니 선뜻 사교육을 끊을 부모도 흔치 않다.

그러나 아이의 발달 단계를 무시하고 너무 많이 가르치면 오히려 더 큰 문제를 초래할 수 있다. 조기교육은 아이에게 스트레스와 부담감을 주어 자신감을 잃게 하고, 자칫 정서적 불안이 돌발 행동으로 이어지기도 한다. 특히 3~6세 유아의 적성이나 발달 단계를 고려하지 않고 성급하게 선행 학습을 하는 경우에 많은 문제를 불러일으킨다.

3~6세 때 아이들은 전두엽이 발달하고, 7~11세 시기에는 측두엽이, 15세 이후에는 후두엽이 성장한다. 이러한 발달 과정에 어긋난 정보를 주면 뇌세포가 망가질 우려가 있다. 심지어 6세 이전에 과도한 정보를 주입하면 측두엽이 할 일을 전두엽이 하게 되면서 과부하로 해마세포의 회로가 망가지게 되어 과제수행이 곤란해진다.

유태어에 '공부'라는 의미는 '반복하다'라는 뜻이 있다. 그렇기 때문에 같은 과목을 여러 번 반복해서 공부하면 좋은 성적을 얻을 수 있다. 사실 공부 잘하는 아이들은 공부 방법이 다르다. 어떻게 하면 지루하지 않게 같은 과목을 여러 번 반복할까를 연구하는 것이다. 또한 모든 과목을 여러 번 다시 보며 반복하는 공부형태를 볼 수 있다. 일반적으로 공부는 학년에 따라 본인이 생각한 다양한 형태의 반복 학습을 통해 공부하면 되는 것이다.

그러나 현실은 다르다. 이런 과정을 모두 사교육에 맡기고 전 과목을 학원에 의지한다고 한다면 사실상 문제가 된다. 혼자서 하는 힘이 상실되기 때문이다. 만약 사교육을 시키더라도 유난히 우리 아이가 학교 진도를 따라가기 벅차할 때, 특정과목만을 교육해야 하는데 우리네 실상은 전혀 다르게 돌아가고 있다.

부모의 경청과 공감력

그렇다면 지금 당장 아이들의 행복을 위해 부모가 챙겨줄 수 있는 게 무엇일까? 일단 아이의 말을 잘 들어줘야 한다. 훌륭한 부모는 일방적으로 자기주장만 하며 아이를 설득하려고 하지 않는다. 그저 아이가 하는 말을 경청하려고 노력하는 것이다.

만약 아이가 '엄마, 나는 그림 그릴 때 행복해!'라고 말했다고 하자. 아이에게 대뜸 '그림 그려서 뭐하려고?'라는 식으로 접근한다면 더 이상 아이와 소통은 불가능하다. 대신 '우리 ○○는 그림 그리는 걸 좋아하는구나. 왜?'

라고 답하면 아이는 곧 "몰라, 그냥 색칠할 때 재밌는 것 같아!"와 같은 대화를 이어간다. 이때 엄마는 "아, 그렇구나"라며 공감만 해주면 된다.

아이는 자신의 말에 공감해주는 사람만 곁에 있어도 스스로 꿈을 발전시켜나간다. "공부나 해!"라는 잔소리나 부모 중심의 설득과 지시는 아이가 꿈을 미처 펼치기도 전에 차단해버리는 독에 불과하다.

어느 날 TV속의 초등학교 5학년 아이가 과학자처럼 무엇인가를 뚝딱 만들어내는 것을 본 적이 있다. 그 장면을 찬찬히 살펴보니 아빠가 마치 아이의 친구 같아 보였다. 보통 부모였으면 '위험하게 왜 이런 걸 하니?'라고 말렸을 텐데, 그 아빠는 아이가 부품을 조립하고 있으면 '재밌겠다'라고 공감하며 또 다른 재료들을 사다 주기도 했다. 한번은 드론 부품을 사다 줬는데 아이가 금세 조립에 성공했다고 한다. 물론 아이에게 타고난 소질도 있었겠지만, 환경적으로 그런 부모를 만나지 못했다면 불가능한 일일 것이다.

아이와 부모가 함께 하는 놀이 시간

아이는 놀아주는 만큼 더 잘 자란다. 단순히 아이를 밖으로 데리고 나가 놀리라는 의미가 아니다. 일단 아이와 여행을 많이 다니는 것이 좋다. 주말마다 김밥 한 줄 싸서 뒷산만 올라도 아이들은 좋아한다. 아이와 함께 동네 근처에 있는 공원이나 산으로 가서 피톤치드를 마음껏 쐬며 책도 읽어보라. 그러면서 자연스레 대화도 많이 하는 것이다. 이렇게 활동 위주로 많이 놀아주다 보면 곧 아이의 특성이 드러나게 마련이다. '아, 우리 아이는 조용한 것을 좋아하는구나.' 혹은 누굴 만나도 먼저 인사하는 아이를 보며 사회성이 있다는 것을 알 수 있는 기회가 된다.

부단히 관찰하며 아이의 장점이 무엇인지 파악한 후에는 그 길을 더 열어주는 게 중요하다. 책상 앞에 앉아 공부하는 것보다 사람 만나는 것을 즐기는 아이라면 당연히 학원에 보낼 것이 아니라 봉사활동을 시켜야 한다. 걸스카우트 같은 경험도 큰 자산이 된다. 거기서도 글로벌 리더가 탄생할 수 있는 법이다.

아이의 삶을 미리 디자인하지 말라!

부모와 아이 모두가 행복해지기 위한 조건으로는 이외에도 '아이가 마음껏 실패하고 성공할 기회 갖기'와 '부모의 질문', '인내심' 등이 있다. 흔히 '헬리콥터 맘', '맘충', '잔디 깎기 맘'이라고 불리는, 아이의 실패를 용납하지 않는 엄마들에게 특히 인내심이 요구된다.

아이의 실패를 용납하지 않는 엄마들 중에는 아이가 무엇인가에 실패하기 전에 모든 방해 요소를 제거하려고 한다. 그러나 그런 태도가 아이를 더 무능하게 만드는 것이다. 원래 실수는 있어도 실패는 없다는 말이 있다. 일어날 힘을 기르기 위해 넘어지는 것은 필수이며 넘어진 아이는 일어날 힘도 있다. 한 살이라도 더 일찍 실수를 해봐야 빨리 유능해 질 수 있는 것이다. 아이가 넘어져도 놀라지 말고 '일어날 수 있어!', '울지 마!'

라고 말한 뒤 스스로 일어나 다리를 털고 있으면 그때 '애썼다', '잘했다'는 말만 해주는 것으로도 충분하다.

또한 부모의 질문은 아이가 무슨 생각을 하고 있는지 아는 데 유용하다. 만약 아이가 성에 대해 어디까지 알고 있는지 궁금하다면 질문 하나만 던져보자. 예를 들어 TV를 보다가 성관계를 묘사한 장면이 나올 때 자연스럽게 이야기를 꺼내는 것이다. 이 상황에서 자녀에게 '너 같으면 저런 상황에서 어떻게 할 것 같니?'라고 물었을 때 아이가 '상대방이 원하면 하고, 그렇지 않으면 안 해야지'라고 대답을 했다면 아이의 성행동의 범위를 알게 되는 것이다.

예를 들어 이런 식의 질문이면 어떨까? '엄마가 보기엔 내가 100점짜리 엄마인 것 같은데, 어쩔 땐 착각 같기도 해. 넌 어떻게 생각하니?' 이에 대해 아이가 '아니야. 엄마는 내가 늘 원하는 것도 다 해주잖아. 엄마 같은 사람을 만나서 나는 정말 행운아인 것 같아'라고 답한다면 이것이야말로 부모, 아이 모두 행복해지는 길이 아닐까 싶다.

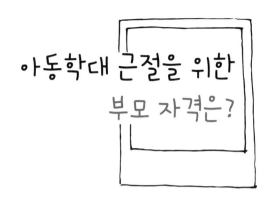

아동학대 근절을 위한 부모 자격은?

 부모는 아이가 예상치 못한 행동을 할 때 두 가지 반응으로 나뉜다. 하나는 '내 아이가 성장했구나'하며 기쁨을 느끼는 것이고, 다른 하나는 아이의 행동을 못마땅하게 여겨 생각할 틈도 없이 화를 내는 경우이다. 부모가 후자의 반응을 보인 뒤 곧 바로 후회를 한다고 해도 때는 이미 늦었다. 아이에게 퍼부은 화를 다시 주워 담을 수는 없기 때문이다.

감정을 조절하는 게 쉬운 일은 아니다. 그러나 좋은 부모가 되기 위해서는 화를 다스릴 줄 알아야 한다. 말처럼 쉽지는 않지만, 연습을 하다보면 화내는 빈도를 줄이거나 조절할 수는 있다.

어떻게 하면 부모들이 화를 내지 않고 아이들에게 자신의 감정을 잘 전달할 수 있을까? 아이에게 화를 내는 것은 엄연히 정서학대에 포함된다. 정서학대는 아이의 인격과 존재, 감정, 기분을 무시하는 것이다. 또한 모욕하는 행위나 말이 포함되는데, 머리를 쥐어박으며 육두문자를 내뱉거나 "너는 누굴 닮아서 그 모양이냐?", "꼴도 보기 싫다.", "내 눈앞에서 사라져.", "꺼져라. 멍청아." 등 아이의 존재감을 상실시키는 말들을 예로 들 수 있다.

부모에게 욕설을 듣고 자란 아이는 어떻게 될까? 아이 역시 부모에게 배운 욕을 그대로 남에게 쓴다. 아이들은 부모가 하는 말들을 머릿속에 모두 기억해 두었다가 말을 할 줄 아는 시기가 되면 하나씩 꺼내 쓰게 되는 것이다. 그러니 부모는 언어선택을 신중하게 해야 할 필요성이 있다.

아이를 양육할 때 말만 조심히 한다고 해서 학대의 범주를 벗어나는 것은 아니다. 학대에도 다양한 종류가 있다. 첫 번째로 방임형 학대 행위가 있는데, 고의적이며 반복적으로 아동에게 의식주를 제공하지 않는 행위와 장시간 아동을 위험한 상태에 방치하고 유기하는 물리적 방임과 학교 무단결석을 허용하는 교육적 방임, 위생 상태가 매우 더러운 경우나 예방접종과 필요한 치료를 소홀히 하는 의료적 방임, 아동과의 약속을 지키지 않거나 마음에 상처를 주는 정서적 방임 등이 있다. 즉 아동의 양육과 보호를 소홀히 함으로써 아동의 건강과 복지를 해치거나 정상적인 발달을 저해할 수 있는 모든 행위를 말한다.

아동 학대에 대한 한 예를 소개하고자 한다. 어느 날, 동네 주민센터로 민원이 들어왔다. 자녀 셋을 둔 부모가 있었는데, 이들은 한 달에 두 번 정도 아이들을 재우고 밤이 되면 나이트클럽에 가는 것이 일상이었다. 아이들의 엄마는 열아홉 살에 동갑인 남편을 만나 아이를 연년생으로 셋을 낳고 재봉 일을 하며 지냈으니 얼마나 힘들었겠는가. 충분히 이해는 가나, 이 역시 명백한 방임형 학대에 해당한다.

다른 한 예로 프리랜서인 엄마가 있었다. 직업의 특성상 아침 일찍 출근하지 않아도 되는 자신의 생활리듬에 맞춰 오전 10시 반쯤 어린이집에 아이를 데리고 간다. 하루는 아이가 감기 기운이 있어서 목욕을 시키지 않았다고 하는데, 아이는 전날 입었던 티셔츠를 입고 보육 교사가 묶어 준 머리 모양을 그대로 하고 와 마치 눈곱만 떼고 온 것 같았다. 아이의 엄마는 보육 교사에게 아이가 늦잠을 자서 아침을 못 먹었으니 아침을 챙겨 달라는 부탁을 하고 곧바로 돌아갔단다. 이런 경우도 명백한 방임형 학대에 해당된다.

이밖에도 성적 학대가 있는데 아동의 성기를 만지거나 자신의 성기에 접촉을 요구하는 행위, 아동 앞에서 옷을 벗으며 자기의 성기를 만지는 행위, 강제로 애무하거나 키스하는 행위, 아동의 옷을 강제로 벗기는 행위, 소아 나체를 보는 것을 즐기거나 포르노 비디오를 아이에게 보여주는 행위, 아이에게 포르노물을 판매하는 행위를 들 수 있다.

미술치료를 받던 한 아이가 있었다. 아이 엄마는 딸아이가 여섯 살이 되면서 자꾸만 구석진 곳을 찾고 얼굴 표정이 극도로 우울해 미술치료를 받기로 했다. 미술치료실에서 아이는 매번 갈 때마다 두 장의 그림을 그렸다. 그중 하나가 가족화였는데, 4인 가족인 경우에 동그라미 네 개를 도화지에 가득 차게 그리고 엄마, 아빠, 나, 동생 순으로 각자의 표정을 중심으로 얼굴을 그렸다. 또 다른 그림 하나는 가족 개개인이 뭘 하는지를 그리는 그림이었다. 그런데 아이가 아버지를 그릴 때는 얼굴을 작게 그린다든지, 눈만 그린다든지, 얼굴형은 있으나 눈, 코, 입은 생략한다든지 여러 모양으로 축소해서 그렸다.

아이에게 가족들이 무엇을 하고 있는지를 그리라고 했을 때는 아버지는 신문 보는 모습, 엄마는 부엌에서 일하는 모습, 동생은 책 읽는 모습을 그렸다. 그런데 자신을 그릴 때는 한쪽 벽면을 온통 차지하는 TV를 그리고 그 앞에 본인이 누워 있는 모습을 그렸다. 커다란 TV가 이상하다고 생각한 치료사는 집중적으로 TV에 대해 묻고 답을 기다렸는데, 1년 반이 지난 후에야 아이가 TV를 크게 그린 이유를 알 수 있었다. 아버지가 딸에게 성적 학대를 할 때마다 TV 소리를 크게 틀어놓았던 것이다.

아이는 이 일을 그림으로 거의 1년 반 정도 그렸다고 한다. 나중에는 말로 직접 표현하면서 마음 속 응어리가 풀어졌다. 그림 속에 TV를 그릴 때마다 아이는 엄청난 성학대 사건을 스스로 재현하며 공포와 불안을 표현하면서 스스로를 위로한 것이다. 이렇듯 아이들은 무서운 경험이나 공포심을 그림으로 표현하면서 마치 제3자에게 말을 하는 것처럼 생각한다.

그 후, 성적학대를 당한 딸아이는 부모 상담과 가족치료가 이루어지면서 치료 마지막 과정에서는 그림 속의 TV를 적당한 크기로 그리게 되었다. 미술치료실에서는 아이의 마음에 생긴 상처를 치료하기 위해 1년 반 동안 자신의 마음을 그림으로 표현하게 했다. 정신과에서는 이런 과정을 '정화법'이라고 하는데, 상처의 크기와 상관없이 마음의 치유과정에는 많은 비용과 시간 그리고 노력이 필요하다. 다시 말해, 치료보다는 예방이 우선이다.

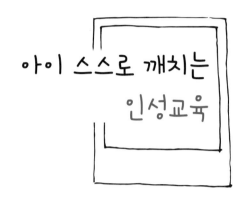

아이 스스로 깨치는
인성교육

 철학자 루소Jean Jacques Rousseau가 한 말이 떠오른다. 그는 '가
난한 집 아이들보다 부잣집 아이들을 먼저 교육시켜야 한다'
고 말했다. 왜 그런 생각을 했던 것일까? 그는 가난한 집에서
태어난 아이들은 가난으로부터 이미 많은 것을 배운다고 생각했다. 불우
했던 루소의 어린 시절을 떠올려 보면 이해가 가지만, 마찬가지로 현대
에도 통하는 말이라 생각된다. 우리나라 말에도 고생을 사서 한다는 말이
있는 것처럼 어차피 할 고생이라면 일찌감치 경험하는 게 나쁠 건 없다.

큰아이가 유치원에 다닐 때의 일이다. 어느 날, 나는 큰아이를 오대산
으로 가는 극기 훈련장으로 보냈다. 태권도장에서 1박 2일 코스로 떠나는

겨울 방학 캠프였다. 막내는 형이 밤늦게까지 쌀과, 김치 등 먹을 음식과 여벌옷, 양말 등을 배낭에 넣는 것을 지켜보며 자신도 오대산에 보내달라고 졸랐다. 당시 두 살 어린 막내는 그 또래보다 덩치도 좋고 사교적인 편이었다. 나는 갑자기 어디서 그런 배짱이 생겼는지 태권도 관장님께 특별히 부탁을 드려서 다음 날 캠프에 막내도 같이 데리고 가달라고 부탁했다.

아들 둘을 키우는 부모라면 나의 상황을 이해할지도 모르겠다. 일곱 살, 다섯 살짜리 남자아이 둘을 키우다 보면 하루하루가 전쟁통 같다는 것을 말이다. 아이들을 보내고 나자 나는 하던 일을 갑자기 멈추게 된 느낌이 들었다. 혼자만의 시간을 즐기는 것도 잠시, 난생 처음 엄마 아빠 없이 여행을 떠난 아이들이 걱정되었다.

'아이들은 캠프장에 잘 도착했을까?'

'막내가 다른 형들에게 까불고 그러는 건 아니겠지?'

'큰애랑 막내가 한 팀이 된다고 했는데, 걸핏하면 싸우는 애들이 캠프에서도 싸우면 어쩌지?'

이런 저런 걱정으로 하루를 보낸 다음 날, 나는 캠프를 마친 아이들을 데리러 태권도장에 갔다. 아이들은 이미 도착해 있었다. 1박 2일 동안이었지만 두 아들을 보고 있자니 아이들이 훌쩍 큰 것 같은 느낌을 받아 기분이 순간 서먹서먹했다. 그런데 아이들을 끌어안고 자세히 살펴보니 두 아이 모두 차림새는 말끔한데 천애의 고아 같은 표정을 짓고 있었다.

나는 두 아들에게 "재미있었니?"라고 물었다. 그러자 아이들에게 "설사병이 나서 밥도 못 먹고 죽도록 고생했어요."라는 내답이 돌아왔다. 나는 서둘러 집으로 데려와 아이들에게 약을 먹었다. 그러자 잠시 후 아이들이 김치찌개가 먹고 싶다고 해서 얼른 끓여주었다. 밥상이 차려지자 아이들은 며칠 굶은 것처럼 허겁지겁 먹기 시작했다. 그러면서 아이들이 하는 말을 듣게 되었다.

"엄마가 해주는 밥이랑 김치찌개가 세상에서 제일 맛있다. 그렇지, 형?"

"응, 역시 엄마 밥이 최고야!"

두 아이는 밥을 다 먹고 나서 캠프장에서 어떤 일이 있었는지 이야기했다. 아나 다를까. 아이들은 말 그대로 극기 훈련을 하고 온 것 같았다. 막내는 오대산을 오르는 입구에서 오른쪽 발을 살얼음에 헛디뎌 물에 빠졌단다. 발이 물에 젖은 상태로 힘들게 산중턱까지 오른 것도 힘들었는데, 아이들이 속한 조에 사공이 너무 많았던 모양이다. 서로 옥신각신하다가 설익은 밥을 하게 되었고, 그나마도 바닥에 쏟고 말았단다. 당시에는 요즘 흔한 즉석 밥도 없을 때였고, 등산까지 했으니 아이들이 얼마나 배가 고팠을까. 밥을 구하지 못한 아이들은 결국 밥 대신 배낭에 있던 통조림과 김치로 끼니를 때웠고, 짠 음식에 밥도 없어서 밤새 설사가 나서 제대로 잠을 못 잤단다.

캠프 후기를 들어보니 관장님은 인근에 가게가 없는 민박집을 선택했는데, 밥을 짓지 못한 팀은 빵도, 과자도 살 수 없도록 했다고 한다. 그 이유는 엄마가 만들어주시는 음식에 대한 감사의 마음을 깨닫게 하기 위한 일종의 수업이었다고 했다. 참으로 멋진 관장님이 아닐 수 없다. 엄마들이 할 수 없는 교육을 감행했으니 말이다.

때때로 아이는 엄마와 떨어져 지낼 필요가 있다. 엄마가 없는 상황에서 빚어지는 불편함을 아이들 나름대로 해결하면서 그날 밤, 두 아들은 부쩍 성장했다. 세상의 모든 일이 저절로 이루어지는 것이 아니라는 것을 체험한 아이들은 부모가 해주는 모든 것을 다른 시각에서 바라보게 된 것이다.

그 이후 큰아이가 중학교 1학년, 막내가 5학년일 때 일이다. 당시 나는 지방대학에 재직 중이었다. 그래서 아침에 일찍 나가서 강의를 오전에 마칠 수 있게 시간표를 짜놓았다. 일이 끝나면 오후 5시 이전에 집에 도착하여 저녁 준비를 해야 했다. 학교에서 우물쭈물하다가 3시 반이 넘게 되면 귀가 시간이 7시가 되어 버리는 이상한 퇴근 러시아워도 나를 늘 바쁘게 했다.

그러던 어느 날, 저녁을 먹고 난 뒤에 두 아들과 설거지에 대해 토의를 하기 시작했다. 아들에게는 명령하기보다는 도움을 구하는 편이 문제해결의 지름길이라는 것을 익히 알고 있었다. 그날도 지방대학 교수로 이른 아침부터 시작하는 고달픈 일과를 여과 없이 얘기했다. 내 이야기를 듣고 난 후, 두 아이 모두 날 도울 태세였다. 그래서 결정한 것이 저녁 설거지를 두 아이가 번갈아 가며 하기로 한 것이다.

나는 '살다가 이런 날도 다 있구나'하고 행복해 했다. 이후 두 아들이 두 달 정도 설거지를 잘 도와주는구나 싶었다. 그런데 막내아들이 사고로 왼팔에 기브스를 하게 되었다. 가까스로 학교는 다닐 수 있는 상태였지만 설거지는 할 수 없었다. 그러자 큰 아들도 막내아들이 기브스를 풀게 되는 날 설거지하는 일을 다시 하기로 하고 바로 내가 다시 전담을 한 적이 있다.

그런데 지금도 생생하게 기억하는 일이 있다. 두 아들이 한 달 가량 설거지를 도와주니 참으로 기쁘다고 소리도 내지 못하며 행복해 하고 있던 어느 날이었다. 나는 부엌에서 이것저것 늘어놓고 저녁 준비를 하느라 정신이 없었다. 이때 막내아들이 다가와 내 허리를 와락 껴안으며 "엄마, 그동안 혼자서 설거지 하시느라 얼마나 허리가 아프셨어요."라고 하는 게 아닌가.

나는 내심 '우리 막내가 갑자기 왜 이렇게 정서적으로 변했을까'하고 놀랐다. 그 당시 막내아들의 말로는 설거지를 한 달 쯤 하고나니 살짝 꽤가 나서 하기 싫었는데, 엄마 혼자서 거의 십 년간을 설거지한 것을 생각하니 엄마의 허리 병이 설거지 때문이라고 생각하게 되었단다.

막내아들에게는 한 달간의 설거지 경험이 엄마라는 역할을 한번쯤 생각하게 되는 계기를 마련해 준 셈이다. 엄마에게 그저 불만을 토로하고 떼만 썼던 5학년 아들에게 이런 생각을 갖게 한 설거지 경험을 모두와 공유

하고 싶다.

진정한 인격은 어떻게 생겨나는 것일까? 인격은 감사에서 나온다는 말이 있다. 감사^{Thank}라는 말이 생각^{Think}에서 유래되었다고 하는데, 즉 아이의 고생스런 경험이 엄마에 대한 고마움을 생각하게 한 것이다.

일단 아이들을 경험하게 하라. 아이에게 극기 훈련을 추천하거나, 내가 두 아들에게 시켰던 설거지라도 좋다. 인성교육이라고 해서 짐짓 어렵게 생각하는 부모들이 있다. 어렵게 생각할 필요 없다. 어려서 아이들에게 강조하는 인성교육이란 작은 것에도 감사할 줄 아는 마음을 몸에 새길 수 있도록 도와주면 되는 것이다. 그렇다! 이것도 어렵게 느낀다면 아이에게 '감사합니다'라는 말을 자주 쓸 수 있도록 엄마가 먼저 습관처럼 말하는 것이 좋다. 말이 씨가 되듯이 감사표현을 자주 들은 아이들은 어느 날 "감사합니다."라고 말하는 것을 볼 수 있다. 듣고 느끼고 생각해야 비로소 감사가 나오는 것이다.

인공지능 시대에

아이 마음 읽기

초판 1쇄 인쇄 2018년 9월 5일
초판 1쇄 발행 2018년 9월 11일

글쓴이   허영림
펴낸이   김옥희
펴낸곳   아주좋은날
기획편집 박성아
디자인   안은정
마케팅   양창우, 김혜경

출판등록 2004년 8월 5일 제16-3393호
주소 서울시 강남구 테헤란로 201, 501호
전화 (02) 557-2031
팩스 (02) 557-2032
홈페이지 www.appletreetales.com
블로그 http://blog.naver.com/appletales
페이스북 https://www.facebook.com/appletales
트위터 https://twitter.com/appletales1
인스타그램 appletreetales

ISBN 979-11-87743-57-6 (03590)

이 도서의 국립중앙도서관 출판예정도서목록(CIP)은 서지정보유통지원시스템 홈페이지(http://seoji.nl.go.kr)와
국가자료공동목록시스템(http://www.nl.go.kr/kolisnet)에서 이용하실 수 있습니다. (CIP제어번호 : CIP2018027859)

아주좋은날은 애플트리태일즈의 실용·아동 전문 브랜드입니다.